科學 /的/ 人文

一位物理學家 的人文之旅

—

美國麻省理工學院
物理系終身正教授

陳 敏 著

——— Prof.
Min Chen

獻給

我的父母、

老師諾貝爾獎得主埃米利奧·賽格瑞（Emilio Segrè）

和老師席淡霞在天之靈。

孔子曰：「吾道一以貫之，……忠恕而已。」
處事以忠，待人以恕。
此書則是以格物致知，一以貫之。
所有科學的生活、科學的發現或是人文中的科學，
本書中的每一篇文章，均是以格物致知，一以貫之。

珍貴的生命

陳敏，2018

一顆太陽熄滅前的哀嘆：
「我的生命即將消失
隨著我最後的火焰
曾經照耀世界
卻即將被黑暗所吞噬
我的心憤憤不平
為何讓我的塵世之旅徒然？
唯有我所生產的輕原子終將不朽，
成為簡單生命的必要基石……。」

一對中子星在告別舞會中狂飆：
「我們的生命即將消失
曾經吸引萬物
卻即將粉身碎骨
隨著震驚宇宙的爆炸
改變空間和時間。
我的心憤憤不平
為何讓我的塵世之旅徒然？
唯有我們死亡的華爾滋中
產生的重元素終將不朽成為生命之血的重要成分。」

偉大的科學家們在未知中探索
渡過艱辛，挫折後的快樂
憑藉靈感，汗水和毅力
由於宇宙定律的發現，戰勝了死亡
提升生命的精神。

　　麻省理工學院物理系前系主任、教務長辦公室、研究所社區和股權官員艾德蒙・貝茲辛格（Edmund Bertschinger），以及發現重力波的麻省理工學院教授、諾貝爾物理學獎獲得者萊納・魏斯（Rainer Weiss）教授在讀到此詩後，寫給作者的信中說：「你的詩非常美妙，我很感謝你綜合科學和人文，這對於維護個人、國家和世界的生活福祉是必需的。」

第一部　科學的生活

第一章　科學態度與批判性思維　52

第二章　重大科學發現的方法與科學謎題　70

陳敏的寂寞與歡愉世界

夏祖焯（夏烈）

教授、作家

「君問歸期未有期，巴山夜語漲秋池。

何當共剪西窗燭，卻話巴山夜雨時？」—— 李商隱：〈夜雨寄北〉

我和陳敏在十歲左右相識，建中又同學六年，但是一直頂多點個頭，過了六十歲以後才開始有首次交談。現在我們都近八十歲，相識超過七十年，他邀請我寫一篇長一點的序，也是一件值得玩味的事。

一般寫序者要德高望重，最好比書的作者長二十多歲。陳敏今年八十歲，請個一百多的人寫序，我看不太容易，而且不知寫出什麼來？「德高望重」我達到百分之五十——望不重，但德一定高。現在向另外百分之五十努力，所以欣然接受麻省理工學院物理系終身教授陳敏博士之邀，因他也是世界級的物理學家，所以這是我最後衝進「望重」的機會。

國語實小與建中

我們在臺北的國語實小相遇，那時可能是全國最好的小學。五年級有首次的智力測驗，我得到全校智力最高分，前 53 名編入甲班，54 至 106 名是乙班，陳敏入丙班（也就是 107 名至 160 名），雖不是最後一班，也絕對不是好班。入六年級又一次智力測驗，我與一位陳姓女同學同占鰲頭，陳敏則進步到進入前 53 名的甲班。

這一年同班，我和他沒說過話，因為他是內向沉默的人，我是永遠有一批同學跟在後面的孩子頭，所以與狐群狗黨來往已經夠忙了，哪還會有時間與陳敏說話？順便一提，我成績並未如他所說列前茅，那位與我同列智力測驗最高分的女同學以全校第一名畢業，臺灣大學又是書卷獎的第一名畢業。她很文靜、低調謹慎。她的父親陳祖康少將是黃埔軍校校歌的作者——「怒潮澎拜，黨旗飛舞，這是革命的黃埔……」。她可能有哈佛的獎學金等著她，但嫁給溫文爾雅的噴射戰鬥機駕駛員張少校，聽說這位飛將軍還在臺灣海峽上空跳傘，被澎湖的漁民救起來。

我們甲班竟有近三十名考上建國中學及北一女，可能是有史以來全國小學生考得最好的一班，級任席淡霞老師厥功至偉。我曾在一文中寫道：「……席老師來教我們時只二十一歲，上海新聞專科學校畢業，大陸潰敗時帶著少年的弟弟兩人來臺。她一共只教了幾年，竟教出院士、教授、大醫生、企業家、新聞界大咖多人，還有一個在麻省理工學院任教的與諾貝爾物理獎擦身而過。我畢業那班五十三人竟有約三十個考上建中及北一女，所以常對人說：『做小學老師席淡霞是做到頭了！』但席老師沒教書幾年就被捕，她在臺大唸工程的弟弟，趕緊把姐姐的日記及讀書箚記燒掉，以免成為入罪證物，實際上席老師對政治根本沒興趣，所以數月後釋放。」

陳敏考上建中，大家認為他運氣好，建中輪不到他，初中三年他是哪一班我都搞不清楚。高中聯考，聽說他竟是全臺北市第二或第三名——那當然也是運氣好啦！他入那班一半保送，一半臺北市高中聯考前二十名。我還是沒與他講過話。

高中畢業，陳敏保送大學，他不要保送，仍參加大專聯考，聽說這次他的分數比臺大醫科還高幾十分，是我們那屆數一數二的高分，但他的第一志願竟是東海大學物理系。許多年後，我問他放棄保送，

是否高中聯考些微之差未考上狀元，這次想要拿個大專聯考狀元？他未回答。

東海、柏克萊與麻省理工學院

那時大學少，錄取率大概只有百分之十幾。東海大學剛成立沒幾年，有美國基督教會的雄厚財力支援，許多人第一志願不是臺大，是東海。以陳敏這樣的聯考高分，聽說東海給他的獎學金極高，四年下來，包括食宿，他念私立大學是賺錢，不是花錢。他也如大多數早期的東海學生一樣，對這所山坡上樹林中的學府充滿了感情與親切感。許多年後，他在美國，趁我在新竹清華大學教書之便，要我開車去東海大學為他領取「傑出校友獎」的雕像。

以他的超高資質，當然名列前茅。臺灣東海大學畢業後，贏得懷特（White）科學獎學金，進入美國柏克萊加大物理研究所，指導教授是諾貝爾物理獎的得主。我模糊的記得那時柏克萊加大排名全世界第一，物理系有許多位諾貝爾獎得主。這表示陳敏在學術界的未來已經打了包票。而他又有詩詞的造詣，因此在僧多粥少的情況下贏得美嬌娘。據說他的妻子年輕時長得有些像影星樂蒂，陳敏在與她湖畔散步時吟詩打動芳心。我是文學教授，在寫這序文時忽然想到究竟是哪一首詩，英文的還是中文的？那浪漫的情景又是如何？該不該寫入八點檔的連續劇？還是進入我的大學教材？

他隨後任教的麻省理工學院當然更是數一數二的學校，能進去教書及研究不是一件容易的事。陳敏在那座高聳的學術殿堂工作了一輩子，是得心應手、無往不利，還是孤獨向隅，感慨萬千？冷暖只有他自知。為什麼我要這樣說？

我在六十歲以後才與他做首次的談話，而且是東岸與西岸的長途

電話。原因是什麼，我忘記了。我曾問陳敏，為什麼你小時候落在我們後面，後來越來越出色？他說不知道。似乎沒有什麼特殊的原因對他產生刺激。幸好他沒說：「夏祖焯，不是我越來越行，而是你越來越不行！」幾次通話後開始談到 J 粒子的發現。

保羅紐曼的《獎》

他和丁肇中學長（建中及成大機械系比我們高四屆）從事 J 粒子的研究。最後陳敏發現了 J 粒子及作了重要的分析，諾貝爾獎給了計劃主持人丁學長。有些物理學界的人後來談論這件事，認為陳敏也該得諾貝爾獎。許多年後，我好奇問他諾貝爾獎之事，他回答得含糊，我想他也沒答案。以後，膠子的發現又產生相似的問題，他的創見被別的物理學家領了獎。幸好多年後，歐洲物理學會終於將「膠子發現獎」頒給陳敏。

幾十年前，保羅紐曼的《獎》（The Prize）一片推出，記得是描述諾貝爾獎得主之間的恩恩怨怨，相互鬥爭。那時於梨華也寫過短篇小說「會場現形記」，描述教授間的吹捧逢迎，勾畫出那些學界的虛偽、糾葛，隱藏的弊端。對人性的諷刺，可說淋漓盡致。其實，清朝吳敬梓的章回小說《儒林外史》早已寫出學者的面態。我與物理學界無關，當然不能在此序文對這些事做斷言。但是起碼發現 J 粒子，是臺灣教育出來的物理學家一個重要的里程碑。我以建中文教基金會董事的身分，要求陳敏寫一篇發現經過之文，刊登在建中校友年刊上。今年，我又建議臺灣的物理學界雜誌轉載此文，建議未被採納。如是，我向陳敏建議投給大陸的物理學刊。為什麼一個工程師要做這些建議？與我何關？因為這是我國物理學上的重要歷史文獻，應該被該學界重視及記錄歸檔，不應就此塵封。你覺得我說的對不對？

工程與科學的論辯

　　我和陳敏都在理工之外，有相同的文學愛好。我雖後來棄工從文，在臺灣教授近代歐洲文學以及美國、日本文學與文化，卻認為自己在中國古典文學與哲學思想方面，比不上陳敏。為什麼？因為興趣及著力點的不同。我和他從小是不同的人，以後還是不同，但卻是六十歲以後才交的朋友。人年紀越老，朋友越少，所以要保持聯繫。再下去，朋友更少了。

　　工程師的訓練及職業要求是腳踏實地、負責任及解決問題三項，所以中國在三個工程師出身的國家主席江澤民（交大電機）、胡錦濤（清華水利）及習近平（清華化工）連續執政二十八年後，將國家建設為世界第一強國。我認為像中國或臺灣這種並非高度開發國家，就是要將重點及預算先置於工程建設之上。富足及進步之後，才進行基礎科學的研究探討。他認為要有科學做基礎，才能在工程上與先進國家競爭──晶片當是一個最典型的例子，中興及華為的受困就是因為中國的基本科學發展不足。同例，我的內弟是哈佛大學的應用物理博士，二十五年前就向中國提出發展晶片的計畫，但因花費太大，中國表示預算重點方向不允許。如今中國有錢了，時機卻已過去。無論如何，這兩位物理學家的看法是相同的，區別是一個是高能粒子物理，一個是應用物理。

　　他在物理科學上是有遠見的人，他的工作也是對未知世界及宇宙的研究，尋求突破。我最大的興趣在社會科學（不是文學），因為某些因素，考進工學院，而且念了博士學位後又在美國的工程界工作多年。工程或社會科學講求實際，我想與基礎科學或文學藝術不同。誰先誰後，那就看一個人的判斷及「個性」了。

科學與人文共舞

走筆至此，我不是說陳敏不食人間煙火，比我這工程師不切實際。實際上他對股市、一般生活上的細節、民生用品、政治、房地產、目前中國與美國的衝突都有興趣，也涉足其中。所以我們身隔數千英哩的東西兩岸，卻也在網路上交換投資意見。我們也共屬同一網路討論群組，他在科技方面的討論常有獨到的看法及觀念，有時他不客氣地指出他人的錯誤判斷或資訊。我知道他多是細心、直率、聰明及正確的，但也看出這個內向寡言的人的固執、堅持及不夠協調。我甚至猜想，是否這種個性，令他在 J 粒子及膠子的發現上沒獲取到應得的酬譽？他自己知道嗎？就算他知道，他也不會改。當然，他為什麼要改？又改到哪裡去？

我讀他的這本書，感覺到他將宇宙學、高能物理及中國的道家老莊哲學、周易相互連接及滲透，這不是容易的事。對宇宙及大自然的觀察、解釋及分析，中外皆然，但是表現的方式不同。陳敏的高能粒子物理研究已進入哲學的範疇，這是科技與人文的結合。

科學與工程接近，我的觀察是科學家一般說來人文素養要高於工程師，也比工程師重視人文。因為工程是實用科學，是市場導向的行為；而科學家是做基礎研究，做出的結果多是為求知識，不是求利。也就是說科學家在做研究時，常常沒想到以後是否可轉換為「產品」、鈔票、或有用途。他們追求的是知識，是發現（discovery），發現物質或生物的本質，發現宇宙的奧妙，發現基本現象的規律。而工程是發明（invention），也就是基礎研究的實際運用，或稱有目的研發（mission-carrying research and development）。

愛因斯坦認為物理給了他知識，藝術給了他想像力，知識是有

限的，但藝術開拓的想像力是無限的，沒有想像力就沒有創造力。科學的理性、知性似乎與人文藝術的感性相距千里，但是實際上作家或藝術家筆下與科學家顯微鏡下觀察的，是同樣的人類創造本能。許多科學家回顧他們的重要發現時，都覺得像是經歷了一場突發的創造，就如同藝術家或詩人作家常具有的那種神祕、不合理性的洞察力。所以，偉大的科學家常把自己比做藝術家，是美的朝聖者，因窺見大自然的奧妙而有一種超凡的感覺。陳敏的書中有許多人文藝術及哲學的表達，我相信這些陶冶，觸類旁通的帶給他的科學研究靈感及啟發。而他也是不停思索的人，他甚至會去思索核能電廠中核反應堆安全的問題。

夜鶯的夢幻歌曲

陳敏的書中提到他曾在異國的夜晚追尋一隻夜鶯的歌聲，於是聯想到英國浪漫主義詩人濟慈的〈夜鶯頌〉。濟慈在詩中透過夜鶯面對人世，將夜鶯比擬為一隻不死的鳥。詩結束時夜鶯飛走，留下令人迷惑的疑問：

是幻覺？還是清醒的夢？
那歌聲飄去：──我是睡了？還是清醒？

這首詩映現出人生的內蘊：他的喜悅與悲傷、理想與現實，剎那與永恆，夢幻似真的人生景像。多少年來，陳敏跨越科學與人文的雙重世界，那帶給他快樂，還是憂愁？解脫，還是負擔？

孤帆遠影碧空盡

陳紅勝

教育部長江特聘教授

浙江大學信息與電子工程學院副院長

　　我非常榮幸地接到麻省理工學院（MIT）終身教授陳敏的邀請，為他的新書《科學的人文》作序。

　　2016 年 12 月陳老師應邀來中國浙江大學講學，在浙江大學玉泉校區和紫金港校區分別做了關於「重大科學研究的方法」和「科學的人文」兩場報告。當時的場面非常火爆，會場擠滿前來聆聽的同學和老師，報告內容引起在場師生的熱烈共鳴。結束後，師生們繼續圍著陳老師問了很多問題，久久不肯離去。當時，我作為兩場會議的主持人，有幸見證了這一特別的時刻。會後浙大出版社編輯非常希望陳老師能夠把講座的內容整理成冊，編輯成一部著作，陳教授欣然應允。經過幾年的整理和修改，此書終於完稿，我經歷了這本書的成因、發展、整理和定稿的整個過程，並能應邀為本書寫序，深感欣慰。

　　我想一個優秀的科學家應該具有人文底蘊，具有在科學的海洋探索中滋生出的優雅性情和氣質，人文素養給了科學家與世俗不一樣的格調，有了一雙別緻的眼睛去欣賞和享受科學中的美感。同樣，一個優秀的文學家，我想也應該有深厚的科學素養，優秀的文學作品經過時間的沉澱，歷久彌新，成為人類文學的經典，如暗夜中的明燈，引領著後來人在追求夢想的道路上前行。正如陳教授經常引用的文天祥的句子：「會有撫卷人，孤燈起長嘆！」這些優秀文學的作者，無一不是懷著敬畏的心情，站在敬重自然科學的角度，催生出史詩般的

2016 年 12 月，陳敏老師應邀來浙江大學做「科學的人文」的演講報告。

畫卷。後人透過詩人優雅文字的描述，通過科學的推斷，可以精確解讀出詩人所描繪的情景。在陳老師的這篇著作中，他應用了大量的例證，從物理科學的角度對我國古代的詩詞做了詳細的解讀，以完全不同的視角，給人展現了一種完全不一樣的景象，這是我們在以往課堂教學中從未見到過的一幅全新的、生動的畫卷。

所以這本書首先是一篇絕美的詩詞鑑賞美文，展現很多重要的方法，給予讀者一個全新的視角來鑑賞我國古代浩如煙海的文學經典。

另外，陳敏教授又是一位國際上頂尖的物理學家，科學造詣博大精深，本書提到的重大科學研究方法都是作者在開展諾貝爾獎級的研究工作中總結出來的寶貴經驗和財富，所體現出的科學思想給科學工作者非常重要的啟迪。作者的講述使得原本高深莫測的物理學原理變得淺顯易懂，因此，從另一個層面來說，這本書同時又是一部富有哲理的科普巨作。

這本書的讀者是多層次的。作者通過親身經歷所總結出的「困難是發明之母」、「對一切存疑」的科學思想，對於剛剛步入科研領域的研究生，具有重要的啟蒙意義，對於資深的科技工作者來說，更具有

重要的借鑑意義。

陳敏教授同時也是一位非常成功的父親，培養的三位兒子都是各自領域的精英，其長子陳欣宇（Daniel Chen）所領導的團隊，首先攻克了治療人類癌症領域的重要難題，在生命醫學領域取得重要的影響。因為他的祖父死於肝癌，在他的治療方法被美國 FDA 批准後發表的感言：「親愛的祖父，希望您在天之靈，能感到欣慰，您的孫兒終於征服了殺害你的兇手。」這應該是全人類奮鬥的精神。而這些都離不開他在成長的過程中父母的引導和啟蒙。陳敏教授通過對自己的經歷以及在培養孩子成長過程中的大量案例給予詳細的闡述，引發了我們很多思考，從這個角度來說，這也是一本具有重要啟示意義的教育叢書。

這本書能夠達到如上多個層次的境界，是與陳敏教授一貫以來所秉承的知行合一的思想並身體力行分不開的，我想以我和陳敏教授交往過程中的三個小故事來加以說明。

第一個故事發生在 2006 年前後，我去美國麻省理工學院作博士後訪問。我在 MIT 的導師是國際知名的電磁學界泰斗孔金甌教授。當時我們正在開展一種新型電磁材料的特性及應用研究。該材料是一種人工構造的材料，具有負折射率的特性。由於陳老師是物理學家，通過實驗發現了 J 粒子，並且與我的導師孔金甌教授有極深的淵源，因此兩位教授又在電磁學與高能物理領域展開深度合作，展開帶電粒子在負折射率材料中的逆切倫科夫輻射研究，以驗證前蘇聯科學家維薩拉戈（Vesalago）教授提出的理論。當時陳敏教授和孔金甌教授共同指導的博士生盧傑已經在此研究領域，進行深入的理論研究工作，一系列論文成果相繼發表在國際著名期刊上，這些理論工作已經足夠支撐一位 MIT 學生完成博士論文並畢業。

顯然陳老師覺得要走得更遠，認為沒有開展實驗驗證工作是不完

備的。逆切倫科夫輻射實驗驗證是一個極具挑戰性的難題，其中設計符合切倫科夫輻射實驗的負折射材料是要面對的第一個挑戰，當時已有的負折射材料的設計都無法滿足這一實驗的要求；另外，切倫科夫輻射在高頻（如光頻段）輻射能量高，容易探測，但是光頻段制備材料需要極高的奈米加工工藝和精度，設計和制備難度很大。我當時見證了盧傑博士在陳敏教授和孔金甌教授兩位老師的指導下，攻堅克難，最終提出了可行的實驗設計方案的整個過程。盧傑博士畢業後，我們也在陳老師的指導下，在盧傑博士設計的材料基礎上進一步做了逆切倫科夫輻射的實驗驗證，論文發表在國際物理學頂級期刊《*Physical Review Letters*》上。在這之後，我們對逆切倫科夫輻射的機理做了進一步的系統性研究，相繼有一系列工作發表在《*Materials Today*》、《*Nature Nanotechnology*》等期刊上。

在這些研究過程中，不斷催生出的新的火花，鼓勵我們繼續探索和反覆驗證，而其中最讓我印象深刻的是，陳老師在科學研究中所展現出來的慎密思想。例如，很多理論工作或者定理，已經寫入教科書或者已在重要期刊上發表，我們都會認為這些已經是正確無誤的，從未想過或者從未有勇氣去懷疑。陳老師卻始終保持著一切存疑的態度，鼓勵我們開展實驗驗證。經過一次合作，我們不一定能深刻體會到這一點，但是經過多次深入地合作和探討，我們也逐漸明白和感受到陳老師深入的分析和思考在這些科研中的重要性。

這也使我聯想到著名的物理學家費曼於 1960 年在美國科學教師協會大會（NSTA）上的一次演講，指出他所理解的科學：「每一代人都會從自己的經歷發現一些東西，並傳給下一代，然而，科學的本質是存疑，經過重新檢驗的知識才是可信的，而不是一味相信前人留下來的知識。」

費曼、陳敏老師等這些大科學家之間的所見是如此相似，這些高

深又很容易明白的道理卻是在與陳老師的多次合作實踐中、在長期的觀摩學習中，才有了更深刻的印象和體會。

　　第二個故事發生在 2011 年 8 月，我和家人一起去陳老師家做客。陳師母做了一頓非常可口的飯菜招待我們。在餐桌上我三歲的兒子對一個烏龜玩具產生強烈的興趣。

　　陳老師就問他：「你的骨頭長在哪裡？」得到小孩的答覆後，緊接著又問，「那烏龜的骨頭長在哪裡？」

　　看著小孩抬頭怔怔地思考，陳老師不斷地問他不同的問題：

　　「為啥烏龜的骨頭長在外面？」

　　「為什麼烏龜的骨頭和人的骨頭會長得不一樣？」

　　「為什麼……」

　　有時候小孩回答地並不正確，我和太太都著急著想糾正他，可是陳老師卻從不解答，持續問著小孩各式各樣的問題；這種場景一直貫穿在我們和小朋友玩耍的過程中。陳老師問的問題之多，思路之廣，讓我大開眼界。

　　我向他請教一些育兒的經驗。陳老師說給小朋友從他眼前可以接觸到的現象，不停地提問題，促進他大腦不停思考，讓他自己去尋找答案，從小培養和訓練思維能力。孔子說得好：「能近取譬，可謂仁之方也已。」我想很多時候我們東方傳統教育都是填鴨式教育，提了問題後經常會去糾正小孩的錯誤答案，把自認為正確的答案告訴他，而這或許也扼殺了孩子們自己去思考、探索、尋求真相、以及反覆存疑、驗證的過程，也多少磨滅了孩子質疑已有知識的勇氣。

　　在本書中，陳老師也分享了他在家庭教育中如何開啟孩子科學未來之路的經歷，陳老師所培養的三個兒子均是麻省理工學院頂尖高校的博士，都在各自的領域有非常傑出的貢獻。所以我想這也是這本書

陳紅勝教授（右一）及其兒子（右二）與作者陳敏教授（左二）和作者夫人（左一），
一起在作者家前面。

所體現的第二層次的境界，這並不是讓人遠不可及、不可理解、高高
在上的智慧書，而是一本貫穿日常生活和家庭教育、非常接地氣的一
本育兒書，中間所體現出來的教學方法、教育理念對我們來說都是一
筆非常寶貴的財富。

　　第三個故事發生在 2016 年 12 月，陳老師與師母一起來浙江大學
講學，當時住在浙大的靈峰山莊。在講課的前一天晚上，陳老師給我
發了一封郵件，裡面是一首他改自李白〈子夜吳歌・秋歌〉[1]的詩：「浙
大一片月，萬戶擣衣聲。秋風吹不盡，總是故鄉情。何日平倭虜？師
生罷西征。」

　　我文學領悟水準不夠，思索了整整一晚也未明白其中之意。這
個謎底一直到第二天陳老師演講時才恍然大悟。在「科學與人文」的
講座中，陳老師還原李白〈子夜吳歌・秋歌〉的背景是在安史之亂爆
發，安祿山攻打潼關，長安承平日久，唐玄宗緊急招募二十萬新兵，
長安的母親與妻子們在月光下連夜給二十萬大軍趕製軍服的場景。而

陳老師到了浙大後，瞭解到在抗日戰爭中，浙大師生在竺可楨校長帶領下，克服日軍轟炸的重重困難，舉校西遷辦學的故事，觸景生情，修改了李白的詩詞來描述浙大西遷史中，文軍長征的悲壯故事。從中也體現出陳老師作為一名物理學界的泰斗，卻能對古今中外歷史、文學融會貫通，古為今用，信手拈來。

本書中類似的例子比比皆是，比如：王之渙的「白日依山盡」，杜甫的「陰陽割昏曉」，李白的「孤帆遠影碧空盡」等等著名詩句的解讀，從科學的角度分析並展示了詩人眼前的另一幅畫卷，顛覆了我們千年以來教科書灌輸的理解。這些故事引人入勝，讓人欲罷不能，只想一口氣讀完。

我想在如此三維、立體、形象而又生動的科學解讀下，這些古典的詩詞在讀者腦海中的形象將是不可磨滅的，這也是本書用科學來鑑賞人文詩詞的魅力所在。

以上的三個故事只是我和陳老師交往中的一些點滴故事，陳老師不但在科研上給予我很多寶貴的指導，在文學上也給了我很多不同的鑑賞視角，在學術和生活中既是我的老師，也是我的朋友。這篇文字中所反映的只是這本書的冰山一角，我想多麼優美的文字和序言也無法描述這本書所體現出的精髓和奧妙。今年恰逢陳老師八十歲大壽，也希望以這篇序言表達我對陳老師的衷心祝福。

浙江大學 2020/11/10

---

1. 原詩：長安一片月，萬戶擣衣聲。秋風吹不盡，總是玉關情。何日平胡虜，良人罷遠征。

陳敏詩餘擒粒子

吳慧怩博士[1]

加州理工學院噴射推進實驗室物理學家、文明評論家

電郵群中慎思、明辨

2015 年，陳敏教授被引薦進入我們一電郵群。

麻省理工學院物理教授一來，開門見山，居然是一段獨到的紅樓夢詮釋：「妙玉對寶玉自稱檻（kan）外人，意思是無家可歸之人。寶玉回稱自己是檻內人，這個檻字如果仍然讀成 kan，意思是寶玉是有房產的人，豈不是在嘲諷妙玉的沒有家產？兩人是對立的！所以這個檻字必須讀成 jian，意思是囚禁於世俗之人、不如妙玉世外人那樣瀟灑自由。同是天涯淪落人，相逢何必曾相識？心電相感，所以妙玉大悅。一音之差，天壤之別！」

陳教授博聞強記，六十多年後，中小學的課文仍能倒背如流。我雖然是北　女中第一名畢業、成績空前絕後地高，卻自愧不如。

陳教授 60 年代，我 70~80 年代在加州柏克萊大學讀博士。我在柏克萊於 1980 年代成就大分子的超奈米科技，是當時重大突破，領先世界（超奈米科技於 2017 年獲諾貝爾化學獎）。陳教授在柏克萊專精粒

---

1. 吳慧怩：臺灣大學物理學系學士、美國加州柏克萊大學博士。於勞倫斯柏克萊實驗室、麻省理工學院等做研究。

子物理，爾後成功於膠子的發現。

2017 年，中美貿易戰開打，陳教授第一個示警中國缺芯之危難，並謀畫釜底抽薪之計，看準了台積電獨特過人的地位。

電郵群中各種議題之思辨、常精闢鋒銳。

我從十一歲思索數理與文明之課題，數十年來發展恆新之有限原理（Limitology of Perpetual Renewal），涵蓋數理與人文之有限理性（2017 年諾貝爾經濟學獎，只談人類行為之有限理性）；發起思維科學（Consciousness Sciences）；推展現代數理新文明（New Age Civilizations of Modern Physics and Mathematics）。80 年代起在國際會議發表多篇講稿、論文，探討現代數理與太極八卦、儒釋道禪、基督教義。亦在電郵群中發抒己見。

對各論述之研討，眾士謇謇、博引鏗鏘，有如二十世紀初中西知識界。有理念扞格處，則各陳其辭、和而不同。我初始曾多年受詰問、批判，總樂於辯難。

我也曾負責超大預算之科技項目，多次參加上千專業人士的國際科技研討會，萬人參加的文化交流活動；綽號「Miss Missions Impossible」（不可能任務小姐）。比如：編、導、演、製、詩舞樂劇，巡迴美國各州演出，於諾基亞劇院（Nokia Theater）演出，與黎錦揚、盧燕、卡蘿‧伯內特（Carol Burnett）等同台。

麻省理工學院系列座談會

2017 年，陳教授邀我籌辦麻省理工學院系列座談會。由美國華人科學家作東，邀天下人，談天下事，此乃史無前例之舉。協辦機構有國際創新學院（International Innovative Institute）、中華電腦學會（Chinese Computer Association）。我擬總題：「跨文化對談」，邀得納茲

莉‧喬克利（Nazli Choucri）教授為主席。第一次主題為「科學人文、永續和平」（Sciences and Humanities to SustainPeace）[2]，時間是九月三十日下午，以下照片為麻省理工學院系列座談會。

麻省理工學院系列座談會。

我首開演講，講題是「新科學與人文以促進和平與繁榮（New Sciences and Humanities to promote Peace and Prosperity）」：

柏林圍牆倒前，我反對極左是萬能的，柏林圍牆倒後我反對極右是萬能的。此與西方某些學術界觀點相背。福山稱西方自由民主為歷史之終點（The End of History，1989 年），為終極答案。我演講極力反對（1992 年）。福山之言猶在耳，即迎來金融危機（2007 年起）。

陳教授慧眼於金融危機警示世人（2007 年、2008 年。請見本書第一章）。

二十世紀初，現代物理學提出測不準原理、二元論、概率、糾纏、渾沌、複雜、可證偽性等。二十世紀末，發現暗物質、暗能量，科學界所知甚少。科學並非全然精準、確定、可預測。現代數學邏輯有不完全理論（Incompleteness Theorems），不能合理一致而完全。從物理到數學邏輯，都有局限。

現代物理（量子物理）奠基於太極圖「相反相成」之理念（粒子

2. http://newscienceandhumanity.mit.edu

波爾族徽。

與波），發端於二十世紀初。主創之一，波爾設計族徽以太極圖為核心，而繞以拉丁文之「相反相成」，如左圖。

如不完全理論所示，完全則不合理一致。中華文化的特色與智慧：調和而兼顧心物人我，和而不同、捨棄我執、相反相成、允執厥中、極高明而道中庸、多元和諧，日新又新、聖之時者也。西方則動輒對立，而上帝是站在我這一邊的！唯第三道路（The Third Way）近於中庸。

現代數理是範式轉變（Paradigm Shift）。中華文化之思維方式是有機整體（Organicism, Holism），而非牛頓物理之機械簡化（Mechanicism, Reductionism）；理念上，中華文化能導向量子物理，而非牛頓物理（近代科技革命之濫觴）。

孔子數千年前即曰：「知之為知之，不知為不知，是知也。」是何等睿智！孔曰：「毋意、毋必，毋固、毋我。」莊子：「吾生也有涯，而知也無涯。以有涯隨無涯，殆已！已而為知者，殆而已矣。」孔曰：「知之者不如好之者，好之者不如樂之者。」我賦詩曰：「有涯者生、無涯者知，精衛填海、夸父追日，相反相成、聖之時者，日新又新、好之樂之！」

儒學：格物致知，誠意正心，修身齊家，治國平天下。這不是機械式地極端固持個人主義，亦非機械式地極端固持集體主義。而是實事求是、有機整合、相反相成。

聖經、儒釋道禪，寓意皆與不完全理論相通（失樂園、「父啊，寬恕他們吧！因為他們不知道他們做的是什麼。（Father, forgive them for they know not what they do）」。「道可道、非常道」。文字障、言詮、妄念）。東西古典之智慧與現代數理之意旨若合符節。

我的演講在九月底，申述我生平數十載提倡「新時代」（基於現代數理）相反相成、聖之時者之理念；十一月起媒體開始報導：「新時代中國特色社會主義市場經濟。」

　　實則，就其義理，相反相成、聖之時者（多元和諧、因時制宜、實事求是、不妄言歷史之終點、不侈言一以概之）實乃現實中普遍和平、繁榮之道。杜威（Dewey）之實用主義庶幾近之。

　　陳教授的講題是：「現代與儒家的宇宙論、自然與社會法則（Modern vs. Confucius' Cosmology, Natural vs. Social Laws）。」他的演講，消融呈現在本書各個章節中。

　　陳教授認為：不知，要努力求知。比如說：中午的太陽熱，早晨的太陽大，孔子不知道哪一個比較接近我們，我們現在當然必須瞭解。

　　莊子：「已而為知者，殆而已矣。」陳教授則更進一步：「苟日新，日日新，日新月異，不停進步，其樂無窮。」

　　陳教授認為格物致知，是儒學幾千年因為不懂而被忽略，陳教授予以註釋，並且申述為什麼格物致知是「誠意正心，修身齊家，治國平天下」的根本。

　　陳教授演講完，麻省理工學院納茲莉·喬克利教授發言，對下午的演講大表讚賞、三呼震撼 overwhelmed。

2017 年 10 月 6 日的《僑報》對此演講的專題報導。

麻省理工學院喬克利教授事後多次電郵讚我：「演講幻燈片十分卓越，是對社會科學的重要貢獻，以提昇我們的能力，來瞭解人類知識之本質與發展（The slides were excellent; Yours are important contributions to the social sciences; to enhance our ability to understand the nature and development of human knowledge）。」

2018 年，麻省理工學院教務長辦公室建議麻省理工學院的著名機構 RADIUS 主辦，喬克利教授任主席，邀陳教授、亞瑟莫古魯（Acemoglu）教授及我演講。

陳教授擬題：「貿易戰：遠大於關稅（Trade Wars: Much More Than Just Tariffs）[3]」。時間是十月三日下午。

陳教授的講題是：「中美貿易戰的原因與後果（Trade Wars: Causes and Consequences）」。其基本理念收錄於本書第一章。

陳教授為追求理想中的「和平與自由貿易」，提出互信互利基礎下的「三零，二不，一承諾」原則：「零關稅，零（企業）補貼，（中）零政策幹預（美）零限制科技輸出；不竊取智慧專有，不強制轉讓；並承諾外國公司能自由在中美重置運作。」

2020 年 12 月 31 日中歐雙邊投資協定幾乎達到了上述目標，「三零，二不，一承諾」原則，唯一遺漏的部分是還得繼續討論歐盟承諾的零限制科技輸出。《世界日報》與《僑報》對此演講有專題報導。

我的講題是：「國際貿易之戰爭與和平」，演講中所預言均實現。

70 年代起，我預言：大西部早已開發的美國，經產業外移，失業的美國勞工遲早會吶喊！並易認煽動者為彌賽亞。社會生物學闡述部落主義（Tribalism）。老大打壓崛起的老二（Thucydides Trap）。華人被妖魔化。

---

3. http://radius.mit.edu/programs/trade-wars-much-more-just-tariffs

發展中國家當享有優惠：關稅、補貼、准入、技轉。我力陳中國申訴。2020 年，世貿組織判決：美國徵收中國關稅違反世貿規則。

我力薦中國開放進口。2018 年，中國首度成為第一消費國。而這背後，是百年的血淚交織，是十多億人的任勞任怨、反求諸己、苦讀苦幹、克勤克儉。進口博覽會於焉每年舉行。

中國是全世界的大好機會。英國潔西姊（Jessi J）在中國被票選為歌王（Singer 2018，China）。她演唱：我將永遠愛你（I will always love you）、紫雨（Purple Rain），中國觀眾如痴如醉、涕泗滂沱。中華文化寬容敦厚、細膩深刻。派對方酣，2020 年 12 月 30 日，中歐雙邊投資協定簽訂。伊隆馬斯克（Elon Musk）設廠上海市，成世界首富（2021年）。

中華文化倡言毋意、毋必、毋固、毋我。己立立人、己達達人。期能襄助全球大和解、共克世紀大難題（疫病、氣候、環境、災難、債務、恐怖、難民、資安、等）。

在本書一開始的詩中，陳教授對老子解釋不出來的道、海德格爾

說不出來的生命意義、文天祥僅能舉例來說明的天地之正氣，包括太陽神、與眾神之王、黑洞的生命意義等，提供他的答案：「從科學的角度，使用第一人稱，從兩儀生產四象，四象生產八卦和八卦生產六四卦，三個分娩的痛苦過程及目的，精準地描述宇宙從死亡到生長一步一步的發展，比悲劇式的北歐神話更悲壯。」

滿門俊秀

陳教授廣涉文理，夫人美麗賢雅、任聯邦高職。夫婦兩子孫滿堂，三子七孫都優秀。大兒子是頂尖生技醫學家[4]、研發進獻神丹妙藥，治末期癌腫、抗新冠病毒，又是品酒雅士。如此滿門俊秀，令人目眩神仰，敬作詩贊曰：

陳敏詩餘粒子擒，生兒酒後仙丹進，

夫人美惠德功立，俊秀繞膝福滿門。

---

4. https://edge.media-server.com/mmc/p/zfb3f7n6, 近於二淋巴腺腫瘤重症施藥，均獲奇效。

推薦序

大會即席評論

納茲莉・喬克利（Nazli Choucri）
麻省理工學院政治科學系教授[1]

　　「我不得不告訴你們，至少對社會科學來說，今天下午陳敏教授的研討會是至關重要的。儘管我在麻省理工學院教研了四十多年，但仍然從來沒有被像今天下午這樣氣勢磅礴，排山倒海的一個挑戰，壓得喘不過氣來。對我來說，這是一個非常重要的經驗。我相信對你們這也是一個非常重要的經驗。」

　　"I have to tell you this is truly overwhelming at least for the social sciences. Despite my 40 years at MIT faculty, I have seldom, if ever, been as overwhelmed by a challenge that is overwhelming as much as this afternoon. For me it is quite an experience. I'm sure for you as well."

2017/9/30

---

1. 「科學人文、永續和平」大會主席，於 2017 年 9 月 30 日在聽完陳敏教授的演講後的即席發言。

科學與人文相輔相成

何雪麗 [1]（Shelley Hawks）

美國歷史學家、教授

　　陳敏教授深入淺出，非常清楚地解釋了人文與科學的關係。當陳教授談論暗物質、銀河系、日全食等時，觀眾就深深地被迷住了！這些都是大家感興趣的話題，談論外層空間和地球的地方，深刻地提醒我們，我們都是地球上的一個家庭。像霍金（Stephen Hawking）一樣，陳教授對人類狀況有強大的聲音。

　　我喜歡陳教授如何引入易經和陰陽符號的討論，他說：「什麼是太極圖裡陰或陽的種子？當你解釋東方文化給西方（或西方文化給東方）時，你就是和平的種子，這是陰陽相輔相成，生生不息的真義。」

　　我，一個在美國大學講解中國歷史和中國藝術的美國教授，聽聞此言，如雷貫耳，一瞬間突然看清楚了我自己的角色與使命。

　　陳教授用易經的乾卦，來解釋中國是在第四階段的「見龍在田」，而美國已經是第六階段「亢龍有悔」。

　　這對美國人來說，認識到美國是一個盛極將衰的大國，而中國是一個衰落兩百年後新崛起的大國，儘管大多數美國人會認識到，在許

---

1. 此文為美國歷史學家何雪莉教授聽陳敏教授演講後的書面評論。何雪莉於 1986 年獲哈佛大學東亞地區研究（Regional Studies—East Asia at Harvard University）碩士學位，2003 年獲布朗大學（Brown University）中國歷史博士學位。曾任教於波士頓大學（Boston University）、羅德島設計學院（Rhode Island School of Design）、麻薩諸塞大學（University of Massachusetts）、霍約克山學院（Mount Hoyoke College）。目前任教於麻薩諸塞州米德爾塞克斯社區學院，教授藝術史和世界歷史課程。著有《*The Art of Resistance: Painting by Candlelight in Mao's China*》一書。

多方面這是事實，心理（承受）上有一點困難。今日的美國仍然充滿活力，它的選舉制度為其提供了自我修正的機制。

陳教授強調了乾卦裡的群龍無首相反相輔，兩國需要相互支援，對全人類的發展是最好的境界。美國在教育後代華人方面發揮了重要作用。

兩個超級大國必須是一個家庭而不是對手。一個比喻可能是英國和美國，曾經是競爭對手，今天成為可信任的盟友。美國文化的問題非常深刻，但是我們可以妥善利用我們的智慧，比現在更好地處理國際國內的局勢。

這就是說，我喜歡陳教授研討會上強調深入挖掘影響全人類（包括核導彈危險）的問題，而不僅僅是表面的政治問題。

2017/9/30

前言

2016 年，我到大陸進行訪問和講學。為此，我特意準備了四個題目。

第一個講題是「發現粒子物理定律的方法」。

這個講題主要面對大學物理系的學生和對物理學感興趣的青年人。大家都知道庫倫或者牛頓定理，按照庫倫或者牛頓定理，能量與距離成反比，距離接近為 0 時，能量就接近為無窮大（發散），無窮大的能量或者無窮大的發生率就把整個宇宙以及你我都毀滅了。但是事實上，我們存身的宇宙還存在著，我們也都活得好好的，沒有被毀滅掉。這說明庫倫或者牛頓定理是不夠精準的，需要修正它，不能有無窮大。一個無窮大去掉了，接著又會有另外一個無窮大出現，又必須想盡方法把下一個無窮大去掉。在去掉這些無窮大的過程中，就會不停地發現新的物理現象、新的粒子以及新的耦合常數。這一切都被實驗所驗證，這樣一步一步地就把整個粒子物理標準模型推導出來了。根據一個準則，能量以至任何事件的發生率不能是無窮大。這是我講的第一個話題，這是一個有關科學的世界觀和方法論的問題。

第二個講題是「重大科學發現的方法」。

我以諸多親身經歷過的重大科學發現為例，闡明科學發現和科學研究的方法。偉大的科學家就像大偵探福爾摩斯一樣，能看到別人所看不到的角度和視界，注意到別人所忽略的關鍵點和細節，而且能預測別人所猜不透、看不到、想不到的事物狀態和發展方向，然後得出

意義重大、影響深遠的科學結論。偉大的科學家就是一個創造、創新的能手，是一個比我們領先一步的大偵探和預言家。我們會發現，關注他們獨特、創造性的研究方法，跟關注他們研究成果及其影響一樣重要。

我們今天講創新力和創造力，其實就是要培養科學與技術發現、發明的創造性和創新型的方法。

第三個講題是「科學的教學方法」。

關於教學方法，唐代文學家韓愈有一篇很有名的文章《師說》，大陸及臺灣均將此文收入國語課本。「師者，所以傳道、授業、解惑也。」在《師說》中，韓愈認為老師的作用就是「傳道、授業、解惑」。「傳道」，不是在課堂裡照書宣科，而是要告訴學生人生和社會的「大道」，讓學生明白自然與人生的根本道理，激勵他們如何自強不息厚德載物。

如果是一位歷史老師，如何把唐朝的中日關係，王陽明的心學、甲午戰爭、抗日戰爭與當今中日關係，前因後果一氣呵成解釋清楚，能否把長期以來的中美關係發展脈絡介紹清楚。如果是自然科學，不只是照著教科書推導公式，更是要點出發明與發現的關鍵所在。這些都是一個優秀老師最值得敬佩的地方，也是為人師者的根本性任務；「授業」，就是教給你專業技術知識，讓你有一技之長。第三點，是「解惑」，就是解決你學習和成長中的困惑和難題。這一點說起來很簡單，但是做起來卻不容易。要解惑，首先老師必須確保自己能「無惑」。孔子說：「吾十有五而志於學，三十而立，四十而不惑，五十而知天命，六十而耳順，七十而從心所欲，不逾矩。」孔子從十五歲開始學習，到四十歲做到了「不惑」，這非常了不起。沒有深入持久的學習和思考，很難達到「無惑」的境界。可見，老師需要具備從社會人生

到專業領域的知識和教學能力與方法。古代教師地位很高，就是因為優秀的教師知識淵博，值得人們敬重。

我們看孔孟的教學方法，《大學》與《中庸》是「傳道」，「傳道」就是老師在上面講他的心得，學生在下面記筆記。《論語》與《孟子》主要是「解惑」，是師生之間深刻的討論，甚至是毫不留情的激烈辯論。我們看這樣的例子：

子路曰：「衛君待子而為政，子將奚先？」

子曰：「必也正名乎！」

子路曰：「有是哉，子之迂也！奚其正？」

子曰：「野哉！由也！君子於其所不知，蓋闕如也。名不正，則言不順；言不順，則事不成；事不成，則禮樂不興；禮樂不興，則刑罰不中；刑罰不中，則民無所措手足。故君子名之必可言也，言之必可行也。君子於其言，無所苟而已矣。」

師生之間，你來我往，弟子問得好，老師答得妙。不管是孔子的弟子子路，還是我們後來的讀者，都能領略到這個教學過程中的思想、智慧和趣味。

我們現在科學的教學方法是「傳道」。凡是有標準教科書的課程，都可以在網上教學。我們只需要幾位演講技巧豐富，且現場演藝精湛的老師講課，錄影之後放到網上。這樣學生就可以在網上隨時隨地學習，已經懂得的地方不妨跳過，不懂的地方可以反覆觀看、聆聽。所以只要是有標準教科書的課程，最好的傳道方法是在網上進行。

至於「授業」與「解惑」，則需要學生跟著老師討論、解題目、作論文、做實驗等。這就是新的教學方法。

我的第四個講題是「科學與人文」。

我講這個話題的目的，是想和大家一起交流科學研究發現與人

文學科、人文思想之間的關係。我們要打破科學與人文之間的藩籬，融會貫通，將科學的思維方式和發現方法與豐厚的人文素養、人文情懷相結合，將我們對現實人生的關注和愛，注入我們的科學研究之中，成為科學研究的助推力。我從事了幾十年的科學研究，最大的感觸是，如果離開了人文科學的滋養，我的科學研究很難取得如此的成就。也正是科學與人文的結合，使得我的研究與發現、人生與情懷，無所偏離，無所偏廢，意趣盎然。我也希望將自己的心得與感觸分享給大家，使大家明白科學與人文的互通性與必要性，在教育和研究中實現科學與人文的齊頭並進、共同發展，成為一個通才。現今的教育需要關注和發展「通才」教育，需要為通才的培養提供良好的環境，創造良好的氛圍。這也是我的演講和本書出版的用意之所在。

願與志同道合者共勉。

科學的生活

這裡我要講的是科學與人文，裡面很多的觀點都是我自己長期思考的心得與結論，有些觀點，也許你們同意，也許你們不同意。因為我講的只是我個人的看法，你們可以參考、思考、引用，也歡迎你們批評。你們也可以跟我保持聯絡，繼續討論，因為時代不斷進步，知識日新月異，明天的你我，一定比今天的你我懂得更精細、深奧、博大。

人有生而知之者，源於母教；學而知之者，源於師教；困而知之者，源於事教，是從生活中奮鬥出來的。

2017 年 9 月 30 日在麻省理工學院「科學與人文、追求世界和平」的研討會上，麻省理工學院政治科學系的納茲莉・喬克利教授問我的學習歷程。

我便用一張圖表，借用孔子的心路歷程，來解釋我一生智慧發展的過程：

年齡	孔子	陳敏	我的事件
14		課餘讀四書詩詞	學「道」就是人生的社會法則
15	十五而志於學	學物理，道德經	「道」也是自然科學之法則
30	三十而立	MIT 教授	發現 J 粒子、膠子
40	四十而不惑	大惑	成就遭竊
50	五十讀易經而知天命	大惑	研究、開發乳癌探測儀、宮頸癌探測儀
60	六十而耳順	讀易經	而知天命
70	七十而不逾矩	知曉科學與人文	「知」「道」

與哈佛的杜維明教授一起研究儒學的美國波士頓大學南樂山[1]教授於 1999 年說：「人生的精神內涵是什麼？這條路線與過去的東方精神路線不同，也與過去的西方精神路線不同。這將是一條新的精神道路。這將是自然科學與哲學的結合。」

這與少年的我所想到的幾乎一模一樣。

我於 1940 年 5 月 6 日出生在雲南大理。這是一個和外界交往不太頻繁的地方，在正常情況下，傷寒、霍亂、痢疾等腸道傳染病，很少同時在雲南各地發生，特別是在蒼山、洱海這樣山青水秀的地方。然而當時正值日軍侵華，日本人有計劃地在雲南廣泛投放細菌彈，造成大批民眾身染病毒。我家也未能倖免，家中有半數人染上傷寒霍亂

---

1. 南樂山（Robert Cummings Neville，1939~），美國波士頓大學宗教學院哲學、宗教學及神學教授，哲學家，波士頓儒家的代表人物。國際中國哲學會（International Society for Chinese Philosophy）執行委員會主席。

而病逝，後來聽我在國內當政協主席的哥哥告訴我，母親臨終前對剛剛出生的妹妹和兩歲的我說：「你們為什麼要在這個時候出生在這個亂世？我死不瞑目啊！」這是母親留給我們的最後一句話。

對日戰爭勝利後，我就像一片海棠花的葉子，隨風飄過了臺灣海峽，又隨風飄過了太平洋，到了美國。之所以要說是海棠花的葉子，是因為中國在沒有把外蒙古丟掉之前，中國的地圖是像一片海棠花的葉子。

文天祥說「山河破碎風飄絮，身世浮沉雨打萍」，用在我的身上，就是「身世飄零似海棠」。動盪時期，家國命運、個人命運大抵如此。這是生活在和平年代的人們所難以想像的。

海棠花有一個特性，即便它被破壞到枝葉破碎之後，葉子隨風飄散，不擇條件，依然隨處生長，無論在哪裡，只要接觸到潮濕的土壤，就有可能生根發芽，枝繁葉茂，花開似錦。我在波士頓的家中種了很多棵海棠花，就都是從一片葉子繁衍而來的。我個人的人生際遇，也如同海棠，努力紮根土壤，認真生長，力爭花開似錦，為的就是要讓母親安息瞑目。

我從小就失去母親，所以沒有母教。戰亂時期，我也沒有老師教。課堂上一直在看傳奇小說，像《封神榜》、《東周列國志》、《三國演義》、《薛仁貴征東》、《郭子儀傳》、《精忠嶽傳》之類的書籍。

在國語實驗小學的時候，我們學聲母跟韻母，為什麼有聲母跟韻母之分，老師也講不出來道理，所以我一直拒絕學。一直到近來，我在麻省理工學院教聲學，我才領悟到韻母決定我們舌頭的位置，聲母決定我們鼻子、喉嚨和嘴唇的位置，聲母和韻母合起來決定我們講話時嘴的構造。

上建國中學初一學習代數，老師告訴我們要記住一些抽象的概念，如完整性、單位性、關聯性、分佈性和交際性規律，而不向我們

解釋中學代數只是一個簡單的例子，這些概念是代數重要的一般抽象屬性，可用於現代代數，如群論、設定理論等，J粒子的發現直接導致弱相互作用 SU2 和顏色 SU3 等的群論建立，這也許是宇宙建立的數學基礎。

初二的時候我遇到了國文老師周文傑，他在課餘給我及部分他賞識的學生講解《四書》、古詩十九首、楚辭及唐詩宋詞。一起學習的只有四、五個學生，其中包括原哈佛大學教授杜維明。講課如同私塾，而這種學習的方式也類似於孔子與弟子間的那種辯難、討論，大家一起讀經、釋意，氣氛活躍而融洽。

周老師介紹儒家經典，其中介紹到《大學》時，周老師講解：「大學之道，在明明德，在親民，在止於至善。」那時還是懵懂少年的我，就想這和我們的生活有什麼關係？

進而學到「知止而後有定，定而後能靜，靜而後能安，安而後能慮，慮而後能得。」學到這裡，我覺得我的心豁然開朗。「自天子以至於庶人，壹是皆以修身為本」，大意是上自國家元首，下至平民百姓，人人都要以修養品性為根本。若這個根本被擾亂了，家庭、家族、國家、天下要治理好是不可能的。在不斷深化的學習過程中，我明白了做人的基本道理。

而「身修而後家齊，家齊而後國治，國治而後天下平」，我就覺得很有道理。後來又繼續講解誠心誠意，我覺得這是做人的最基本原則，也是做人的基本道理。跟隨周老師學習的這段時間，我得益極大，學到了「仁以為己任」的精神。周老師是新儒學大師牟宗三教授的學生。可是我覺得他們對格物致知欠缺瞭解與追隨朱熹對中庸定義的膚淺解釋，我完全不認同。

初三的時候，我接觸了物理，開始對宇宙萬物產生濃厚的興趣，格物致知給了我很大的啟發。我對天為什麼是藍的、晚霞為什麼是紅

的、玻璃為什麼是透明的等等，眼前能看到的現象、能觸摸到的事物，都產生了追問和探求的興趣。懂得所謂的「道」，包括社會法則與自然法則、格物致知、誠意正心、學習與修養的道路。

後來我看到一篇文章，說宇宙是由三十種粒子構成的。我就想，造物主怎麼用那麼多種粒子來造宇宙呢？這似乎也多了點吧？於是，我對粒子世界也有了探究的慾望。等到上柏克萊研究院的時候，粒子數已經增加到數百個，偏偏遇到一個非常有名的理論物理學家傑弗里‧丘[2]（Geoffrey Chew），緣木求魚地極力主張自我引導理論（Self Bootstrap Theory）：數百個粒子互相作用影響，同是宇宙的基本構成物！完全沒有想到數百個粒子都是 6 個夸克的構成物。

我在臺灣求學的東海大學是個文理學院，學生人數很少，但闊大的校園環境非常優美，可以散步、看風景、躺在草地上看星星；可以靠在短牆上想物理問題。那時候臺灣的專業教育是很差的。這個學校有一個優點，就是學生可以到開放式圖書館，自由瀏覽借閱需要的書。有一位教邏輯的劉述先教授，深入淺出對邏輯講得非常清楚，他也是牟宗三的學生，他寫的《文學欣賞的靈魂》一書，對我影響很大。在數學上唯一有點基礎的是一位德國的老師克里歐，他講課的技術非常差，在課堂上用德國口音和語法，抄抄念念他那發黃的筆記本，臺灣學生很少聽得懂他在講什麼，可是我懂得他在教如何用二次偏微分方程解各式各樣的邊界條件問題。我跟他交流得很好，曾經共同在淡水海濱浴場游泳衝浪。這種自由學習，自由思考的環境，對我的科學研究與人文思考，影響很大。

---

2. 傑弗里‧丘（Geoffrey Chew1924~），理論物理學家，二十世紀六十年代粒子物理方面的不朽人物，以強作用力的拔靴帶模型著稱。所指導的學生中包含 2004 年諾貝爾物理學獎得主大衛‧葛羅斯和弦理論創始人之一的約翰‧施瓦茨。

後來我到了美國加州柏克萊大學，抵達的第六天，時差還沒有調整過來就參加了博士初步資格考試，每門課差不多要考三個小時。口試快結束的時候，主考官賽格瑞（Emilio Gino Segrè）教授問我認識不認識克里歐。我大吃一驚，原來我的指導老師和克里歐都是受到納粹迫害的科學家。納粹要把費米和他們逮捕入獄，因為他們發現了慢中子與連鎖反應，使得原子彈和原子能成為可能。費米因此得到 1938 年度的諾貝爾獎，要去斯德哥爾摩領獎。他們藉機逃出德國。克里歐逃到日本，然後從日本到臺灣去教書。所以那位在臺灣鮮為人知的克里歐其實曾經是一位科學奇才，優秀的科學家，可惜當時臺灣沒人重視他。而令我自豪的是，那時的我堪稱是他的知音和好友，也是一個能夠跟他交流，樂於跟他學習的人。

　　那次我跟主考官賽格瑞教授談得很融洽，因為克里歐教授的緣故，賽格瑞教授對我印象很好。後來我跟隨他研究物理、做實驗。中國非常著名的女物理學家吳健雄博士就是賽格瑞教授的弟子，所以論起來的話，吳健雄博士是我的師姐呢。

　　我在柏克萊大學就讀的時侯，通過導師賽格瑞，有幸受到他的導師，美國最偉大的物理學家之一、祖籍義大利的費米教授（Enrico Fermi）遺風的薰陶。費米教授一手創建核能時代，弱作用場的理論也是他創立起來的，美國最大的實驗室就以他為名，李政道、楊振寧教授都是他的弟子。研究小組的同事們告訴我，有一次賽格瑞告訴他們說，費米教授這個下午就要來訪問，要他們把實驗室整理乾淨。他們穿著整齊，準備要表演實驗給費米看。到了下午三點，賽格瑞說他有事要出去走一下，等五點鐘回來的時候問他們：「討論情況如何？」他們說沒有見到費米啊！賽格瑞說：「剛才不是來了？他穿著紅色的套頭衫。」組員們大吃一驚，是有這麼一個人來過，他們以為他是掃地的工友，所以沒有跟他談話，他看了一下便走了！

我在美國定居工作，享受美國的自由平等、豐富的資源及優良環境的保證，已有五十年的時間。我在 1974 年發現 J 粒子，1979 年發現膠子，現在致力於人工材料的研究。英國著名的哲學家培根曾說過：「讀史使人明智，讀詩使人靈秀，數學使人周密，物理學使人深刻。」在我幾十年的科學研究生涯中，的確也是這樣，數理教我精密和邏輯，讀詩使我聰慧。我認為學習人文科學、讀古代聖賢書，於我們的生活非常重要，一方面我們可以從中學到古代聖賢是如何做學問的，更重要的是，在困難時，會覺得他們在陪伴你，給你安慰，給你勇氣，給你力量。

　　在科學裡，我學到什麼呢？

　　我認為一方面是觀察驗證，另一方面是邏輯推理。這些也都可以應用到人文上面。我最近在 MIT 聽了一個演講，說小孩子們都是科學家，長大成人之後，反而忘了這些科學的技能。我們研究孩子們怎麼分辨各式各樣的東西，找事物的前因後果，甚至怎麼去分辨聲音的喜怒哀樂，怎麼動作，怎麼解決一些問題。因為這些聽、學、摸、動，都不是我們器官的動作，真正是由腦來分辨的。小孩子都是科學家，他們都應用了科學家所用的一切方法。演繹、歸納、摸索、結論，提出理論證明或者反證。所以，把科學的方法用到人文裡不僅是可以的，而且是必須的。

　　下面舉一些例子，介紹一下我是怎樣教導我的子孫們。

　　我覺得如果要教導孩子，就要取他眼前的例子，就像孔子說的，要「能近取譬」；比如，我帶我的孫子看傍晚的海潮，我就會問他們：「夕陽為什麼是紅的？海潮的能量是哪裡來的？」啟發他們認識海潮是從地球自轉的能量轉化而來的，看到海面上海潮洶湧流動，就想到地下的岩漿也是一樣被月球吸引得沸騰洶湧流動。知道帶電的岩漿的流

動多麼重要嗎？岩漿不流動，地球就沒有磁場的保護，就跟月球一樣死了，我們的生命也將會結束。我們把火山與地震叫做天災，沒有火山與地震就沒有造山運動，陸地就慢慢沉到大海洋去。

我們中國人特別讚美月亮，月亮真是我們的母親。沒有月亮，要誕生生命恐怕是困難的。月亮製造了潮汐、調節氣候、交換能量，使得生物有成長的環境。地球上的水是哪裡來的？是由小行星從太陽系的邊緣送過來的，在四十五億年間積少成多變成今天浩浩的海洋，當月球從地球分離的初期，潮汐可比現在大成百上千倍沖刷著地球。由於月球與地球上的液體的微妙作用，地球自轉的角動量，轉換成月球公轉的角動量，使得月球漸行漸遠，如今月球看起來的角度的大小正好和太陽一樣，所以才有日全食的奇景。這恐怕不是偶然發生的，適當的月球距離產生適當大小的潮汐，造成地球生物生長的最好條件，穩定四季，保持地球內部的熔漿不太冷也不太熱，使地球內部的熔漿產生磁場，保護了地球，不受太陽放射出來的電流的打擊。所以孔子觀察到了月亮對生命的重要性，做出這樣的結論：日月位焉，四時行焉。

王羲之說過：「仰觀宇宙之大，俯察品類之盛。」我隨時用這個道理教導我的子孫們。這裡有科學的道理，也有人文的道理。

有一次我帶他們去拉斯維加斯參加一個婚禮，我就問他們，如果你是第一個在拉斯維加斯建造賭場的人，你為什麼要選在這裡建賭場呢？他們剛開始不知道怎麼回答。我就稍稍提醒：假如有很多人來這裡住，需要什麼才能生活呢？他們就想到了，原來這裡有大水壩。有水壩就能發電、能供水。水、電是現代人生活不可或缺的，有水、有電，人們就能在這裡生活了。拉斯維加斯北面有山，可以抵禦寒風；東南方有洛杉磯，那裡有很多觀光客，交通發達，因此就有了很多客源；在沙漠地區，土地很便宜，開發成本很低──這些都是建立一個

賭城的基本條件和原則。這跟澳門不一樣的，澳門是葡萄牙強行割地、營建在中國的非法賭場，沒有其他選擇與考量。

還有一個例子。

有一年聖誕節闔家團聚的時候，大人們在喝紅酒，孫子們在喝飲料。我就問他們：「我們大家用的杯子，你爸爸用的是一百塊美金一個的杯子，和你的一塊美金一個的杯子，有什麼不一樣嗎？」

他們不知道怎麼答了，只說一百塊的杯子比較薄，一塊錢的杯子比較厚。

我告訴他們，把手指頭弄濕了，在一百塊的杯子和一塊錢的杯子上轉圈子摩擦，一百塊的杯子會發出滴滴的很清亮的聲音，回音裊裊很長久，一塊錢的杯子，發出混濁的聲音，而且很短。

這個就是不同點。我告訴孩子們，一百塊錢的玻璃是一個結晶體，所以製造困難，成本比較高。一塊錢的杯子是混合體，由幾億個分子構成的。我最小的孫子聽得太興奮，把杯子推了一下，他的杯子和他爸爸的杯子撞在一起，紅酒和飲料都打翻了。我的小孫子很不好意思，很驚慌。

我沒有責怪他，告訴他說：「你僅花了一塊錢做了一個非常重要的實驗，有很輝煌的結果。你想一想，一個很厚的杯子，和一個很薄的杯子，相碰的話，哪個杯子破了呢？」

大多數人會以為厚的杯子比較結實，薄的容易碎。結果相反——那個薄的杯子完好無損，厚的杯子卻碎成了幾片。這是個非常重要的實驗，證明一個分子均勻的結晶體產品，比多分子的混合體產品結實得多。晶體之間的作用力是非常強的，一個均勻分子的晶體就非常結實，敲擊起來聲音非常好聽，這個餘音繞梁的長度，在物理上叫做品質因素（quality factor），品質因素高所以才賣得貴。

就這樣，我把一個杯子不小心打破的問題，變成了一個非常有趣

的物理結構問題和聲學共振問題。這就是孔子說的「格物致知」的道理。孔孟有許多格物致知經典的觀察與故事，可惜二千年來所謂的儒家，死記死背，視而不見，讀而不懂，完全不懂格物致知，使得中國科學很落後。

我的三個兒子均畢業於麻省理工學院。老大陳欣宇（Daniel Chen）很好玩，期末考試前還要開車去高山溜冰滑雪。他想要進醫學院的時候，因為他會的東西太多了，就不能專注。我想到了邀將不如激將，便用激將法激勵他要做出一番事業來。他最近專注於癌症的研究，很快就有了重大的發現，他發現所有的癌細胞都如同用一個假護照來欺騙我們身體裡的員警部隊（T-cell）。當員警部隊來檢查細胞是好細胞還是壞細胞時，它就用這個假護照——一根長長的蛋白質 PDL1——來欺騙「員警部隊」。欣宇發現了一種方法來剪掉這個蛋白質假護照，這樣，我們身體的員警部隊就會將這些癌細胞一一消滅。他又發現這個方法差不多對一半的人很有效，一半的人沒有效果。他目前的研究就是進一步找出原因，為什麼有的人癌細胞擴散到全身了，還能把它消滅掉。有的人就不行呢？這是他現在專注做的工作。

他現在的兩種治療癌症的藥已經被美國的 FDA 批准上市了，一種是治療膀胱癌的，一種是治療肺癌的藥。這幾種藥中國也逐漸批准臨床使用了。事實上他所研製的藥對其他癌症也有治癒功能。

欣宇還是一名威士忌的專家，他一聞就能知道威士忌的好壞。他的上司介紹他的時候，首先說他是一個威士忌專家，然後才說他是治癒癌症的專家。

2020 年，他在實驗室中定制具有許多類似手臂的抗體，每一隻手臂可以抓一種不同的病毒，目標是在新冠狀病毒（COVID-19）進入我們的血液之前，預先在我們的口腔或鼻膜中首先將之消滅，他希望這種方法將在 2021 年被 FDA 批准。

我雖然主要的精力和成就都在科學研究領域，但是我始終癡迷於中國文化。我覺得人文素養是很重要的。它的重要性特別明顯在於獨居他鄉異國，在困難之下，它是支撐一個人繼續前進的精神動力，使我在寂寞中不寂寞，困難中總不絕望。

我很敬仰文天祥《送行中齋三首》裡最後的話：「願持丹一寸，寫入青琅玕。會有撫卷人，孤燈起長嘆。」文天祥被俘的時候，那早就被俘投降的皇帝命令他投降，元世祖要他投降，做元朝的宰相，給元世祖治理天下，一般老百姓也要他投降來照顧他們的生活，他的家人，尤其是兩個女兒更是苦苦哀求，都要他投降，這樣一家人就可以過好日子，文天祥淚流滿目，就是不投降。

他為什麼不投降？多年前，我參觀了位於北京的文丞相祠，這裡曾是關押文天祥的土牢，著名的《正氣歌》就是在這裡完成。我佇足於浩然之氣的匾額下，久久地凝視著它，思索著「他為什麼不投降」的問題？

我想，他不僅是為了忠，不僅是為了孝，不僅是為了愛，文天祥就義前的絕筆中寫道：「孔曰成仁，孟曰取義，唯其義盡，所以仁至。讀聖賢書，所學何事？而今而後，庶幾無愧。」文天祥是為了保存成仁取義的中國精神。

現在，元世祖已經很少被人提及，可是文丞相的《正氣歌》八百年來一直被人們傳誦。我們讀到文天祥《正氣歌》或者其他先賢文字的時候，會在暗夜裡，孤燈下，激動地站起來，長長地嘆口氣，深深地同情他們，為他們惋惜，被他們鼓勵振奮，先賢的精神就會在我們的生命中活躍起來。

我們現代的人能從古代聖賢那裡獲得精神的力量和慰藉，中國文化的精神就是在這個撫卷長嘆的歷史長河中一代又一代傳下去。這是文天祥死不投降的原因，也是中華文化五千年不斷的根原。

孔子說「未知生，焉知死」，中國的讀書人原則上是不信宗教的。我們這些老祖宗的先賢就是我們奮鬥力量的泉源與支撐。

　　我自幼就喜歡中國古代的文化，兒時詩詞文學的薰陶讓我受益無窮。我自信能結合中國文化所蘊含的智慧和我的工作熱情與美國的穩定、自由和平等的機會，建立科學與人文的基礎。這裡，我將試圖把自己綜合中西科學與文化而成的感悟與各位交流、分享。但願讀者之中，「會有撫卷人，孤燈起長嘆。」

文丞相祠中朝南樹，顯示文天祥一心懷念南方的故國。

這首文天祥的《正氣歌》,為明代書法家文徵明刻於北京文丞相祠院東側內壁上。圖片提供／吳英。
天地之正氣就是宇宙之規律。宇宙花了 138 億年,創造了約 10 的 23 次方顆星球,犧牲了千千萬萬
顆太陽和黑洞,才創作出我們人類。

北京的文天祥丞相祠。

第 一 部

科學的生活

一　科學態度與批判性思維

什麼是科學的方法與態度？

科學的研究方法對人文學科為什麼很重要？

現在是網絡時代，不久將會是智能時代，幾乎所有的訊息、知識、技術都能在你的指尖呈現，但是在這些龐大的資訊量以及日漸提升的網速背後，有許多訊息是錯誤的！這時運用科學的方法與能力去分辨真偽就顯得格外重要。

借用明末清初文人金聖歎評《西廂記》時曾說過的話，「夫，吾胸中有其別才，眉下有其別眼」，其中所謂的「別」，就是科學的邏輯分析和創造。

我會以一些關於法律、經濟、政治、藝術、歷史、語言文字、哲學（特別是老子、莊子、孔子）、天文學以及大家很感興趣的「星際之門」為例，最後，再討論我們應該有的宇宙觀與人生觀。

現在是一個信息大爆炸的時代，網際網路以及書本有很多訊息是錯誤的，甚至有的一錯就錯了幾千年，但我們已經習以為常，也許是懶於深究和探討，亦或者人云亦云，不僅不覺得錯，甚至堅信它不會有錯。所以我一直在提倡，我們要有足夠的知識積累，能夠運用自己的判斷力以及科學的思考方法去鑑定這些訊息的真偽。

那麼，如何才能培養良好的判斷力？

面對某個主題，我們要先以第一手資料所建構的模型來解釋該主題，然後使用歸納法和演繹法來應用於相關主題或事件，以查看我們的模型是否正確。如果不正確，則必須對模型進行校正，透過這樣不斷地用新的數據來觀察、檢查的方式，以改進我們的模型。

反復進行此過程，直到我們的模型可以正確解釋或預測相關事件。這是孔子「格物致知」的真諦。

也許我們的模型是從網上抄下來的，當檢查的時候，發現有誤，就需要立即糾正。這樣的過程需要重複很多次，也就使我們具備有顛覆性的創新力與創造力。

現在大家都在提倡創業和創新，因為創新和創造是一個民族和國家發展的根本途徑，同時創新力和創造力對人類的文明發展而言是最核心的推動力。全社會都要注意倡導、培養創新力和創造力。

我們應該要具備怎樣的創新力與創造力呢？

最根本的也是最首要的一點，就是我們要有批判性思維的能力。接下來舉幾個大家很熟悉的例子來解釋。

畫龍點睛

「畫龍點睛」這個成語故事的主人公叫張僧繇，他是南朝梁吳中人，擅長寫真、釋道人物及佛教畫，他的畫，藝術水準很高，畫的佛像也自成一派，在當時被稱為「張家樣」。他畫的龍，栩栩如生。

《歷代名畫記》裡記載：「張僧繇於金陵安樂寺畫四龍於壁，不點睛。每曰：『點之即飛去。』人以為妄誕，固請點之。須臾，雷電破壁，二龍乘雲騰去上天，二龍未點眼者皆在。」

龍被點上眼睛之後，牠就有了生命和活力，而要從牆上飛走。如果在那一瞬間，你的眼睛或心靈是關閉的，那你就只能看到空白的牆壁，而龍已經飛走了。

我想要說明的是，科學分析的結果和流行的解說通常會有所不同，與書本裡的東西會很不一樣，所以我們要有批判性的思維能力，要讓自己的眼睛或者心靈處於打開的狀態，不僅知道「點睛」之前，事物（龍）的狀態和特徵，還要知道「點睛」後，事物（龍）的狀態和特徵。這種「心明眼亮」的狀態，體現了批判性的思維能力。

我再舉幾個大家耳熟能詳的例子，大家依此，舉一反三，自然受用不盡。

謀作而大興

　　1964 年的美國，對初來乍到的我而言，這裡的富足就像是孔子所倡導的「大同世界」，天下為公，選賢與能，講信修睦，使老有所終，壯有所用，幼有所長，鰥寡孤獨廢疾者皆有所養，社會福利很好。規範的市場經濟，良好的社會秩序，故外戶而不閉……。在這裡，孔子的理想幾乎都實現了。

　　我在加州的柏克萊大學（University of California, Berkeley）拿到的科學獎學金，是我在臺灣做銀行家的父親薪水的四倍，我的獎學金可以供給我在臺灣的兩個弟弟和兩個妹妹的大學費用。那個時代生活條件極度優越的美國，在我們這些口袋空空的外國留學生心目中，簡直就像天堂。

　　1989 年，蘇聯垮台，史丹佛大學的政治學家弗朗西斯・福山（Francis Fukuya-ma）於該年年初發表《歷史的終結》（*The End of History*）一文，斷言民主制將「成為全世界最終的政府形式」。因為冷戰結束，不再需要粒子加速器來發展新武器，美國把正在營建中最大的加速器及丁肇中博士與我尋找希格斯玻色子[1]（Higgs Boson）的研究計劃取消了，這政策導致了許多高能物理學家失業。美國接著更做了一連串離經叛道而且很危險的事情。

　　《禮記・禮運》篇裡說：「是故謀閉而不興，盜竊亂賊而不作，故

外戶而不閉，是謂大同。」儒家理想的「大同社會」，是奸邪之謀不會興起，盜竊禍亂和害人的事情不會發生的社會。

美國當時的情況正好是「謀閉而不興」的反義語：「謀作而大興」——國家通過立法來實施公然的盜竊，失業的高能物理學家們靠聰明才智與高深的數學技術來謀生、牟利。他們把或然率應用發揮到了極致，為華爾街的財團們發明了衍生性金融商品（derivative），因為賭博是在暗中進行而不需要每天結帳，這樣就可以讓投機者無限制地豪賭狂賺。

接著，當時最大的投機對衝基金LTCM（長期資本管理公司），它的董事包括來自史丹佛大學與哈佛大學的兩位經濟學教授，以「一種確定衍生性金融商品價值的新方法」著稱的1997年諾貝爾經濟獎的得主，竟然在1998年宣布破產，要國家來拯救。哈佛大學的校長勞倫斯‧亨利‧薩默斯（Lawrence Henry Summers）說服國會將銀行的資本風險由10：1提高到50：1，目的是為了讓銀行多賺一些錢，國會竟然通過了！

銀行開始把錢借給大家，用的是歷史上的「可能違約率」。比如，歷史上杭州的房價只漲不跌，買了房子會倒閉的機率很小，就可以無限制地借錢給大家。銀行又認為每一個貸款都是獨立的，所以，若是貸100個房子，要同時倒掉2萬個房子的可能率就更低了。銀行沒有考慮到，房價要跌的機率有時是相連的，是各個城市一起、各個國家一起跌的。他們認為把房價貸款出去以後，房價會跌的可能率太小，所以他們貸款的信用度都是最高級別，比中國政府的國債級別還要高。

---

1. 希格斯玻色子（Higgs boson）是標準模型裡的一種基本粒子，是一種玻色子，自旋為零，宇稱為正值，不帶電荷、色荷，極不穩定，生成後會立刻衰變。希格斯玻色子是希格斯場的量子激發。1964年，英國物理學家彼得‧希格斯提出，又稱為「上帝粒子」。

在這種情況下，每個人都受益，銀行的總經理有獎金，職員有獎金，負責發放貸款的人有獎金，經紀人有傭金。而買房人的條件差到什麼程度呢？有人要買 100 萬的房子，可是他沒有工作，沒有收入，也沒有存款，銀行借他 105 萬，因為除了屋款，他還需要 5 萬元的裝修費，當房價漲到 120 萬的時候，他就可以把借的 105 萬還掉，還有 15 萬去買第二棟房子。每個人都得到獎金，買房人又發財了，真是天下大好事。但是不這麼做的人就會被銀行或者交易所開除，這是一個劣幣排斥良幣的市場氛圍。

我的姪女佩佩剛從哈佛大學畢業，有著人人羨慕的工商管理學士文憑，但她實習幾個月之後，做了一個決定——辭職轉去學獸醫。

我問她為什麼要轉行？

她說：「我不能用連我自己都不相信的投資項目，去蓄意欺騙我的顧客與老闆。」

但是像她這樣的人很少，更多的是奔向金錢和財富而去，只要能賺錢，什麼事都可以做。所以從 1995 年開始，一直到 2008 年，銀行不停地把錢借貸出去，投機者不停地使用衍生性金融商品進行大賭博，借款人可以把貸來的錢借給另外一個人。貸出去的東西，銀行評估它是最可靠的，就可以賣給另外一家銀行，那家銀行又可以賣給另外一家銀行，最後這個衍生性金融債務[2]高達 600 兆美元，是全世界每年總生產量（GDP）的十倍。這是一個「謀作而大興」的時代。人們為了賺錢，不擇手段，想方設法地謀取利益，不惜坑蒙拐騙。這麼龐大的一個倒立金字塔，就支持在許多沒有頭期付款，房價超值的房屋買賣契約上。所以我的結論是：美國經濟隨時都有可能崩潰。

---

2. Derivative financial debt，例如信用違約交換（credit default swap，縮寫 CDS）是一種金融衍生產品或合同，允許投資者與另一位投資者「互換」或抵消其信用風險。

對於這樣的時代特徵以及社會價值取向，就需要有批判性的思維來加以分析、判斷和抵制。如果你不加判斷地隨波逐流，甚至想亂中求勝，貪得無厭，聚斂財富，也許你會得手於一時，但總有一天，你會因此而吃大虧，因為你的內心裝滿了貪欲，當你賺錢的能力越強，其實越與魔鬼趨同。

　　所以，科學的研究方法也好、科學的思維方法也好，都不是簡單技術派的技術分析和理論研究，你要清楚一點：不能把自己的內心出賣給魔鬼。

▶▶ *1-3*

次貸大危機

　　2007 年 2 月的時候，我覺得美國的經濟非常危險，就寫了一篇文章[3]發給將要退休的那些親戚朋友們，提醒他們在退休之前，還有最後一個使命，就是警告你的家人朋友，美國的經濟有很大危險，要他們準備好如何應對經濟大危機。

　　到了 2008 年 9 月 5 號，麻州大學邀請我到麻省最大的一間公司易安信雲端公司（EMC2）[4]介紹中國文化。當時正值奧運會在北京開幕，講到開幕式中演出的「中國理想的大同世界」，我說，「美國真是好，中國三千年來想要做的大同世界，美國幾乎都做到了，而且實踐了六十年。」然後我的話鋒一轉，繼續說，就是因為這個「謀作而大興」的衍生性金融債務高達六百兆美金，從一間銀行轉到另一間銀行，再從另一間轉到別間銀行，轉到中國，又從中國轉回來，都是黑帳，誰也不知道誰欠了誰多少衍生性金融債務。只要有任何一個環節出了問題，就會對經濟造成重大的衝擊。這麼龐大的一個倒立金字塔就支持在一些沒有頭期款、房價超值的房屋買賣契約上。所以我的結論是：美國經濟隨時都有可能崩潰！

---

3. http://www.thelastndr.org/learn-from-others/next-mission.htm
4. https://baike.baidu.com/item/EMC/4628754, 愛因斯坦的質量轉換成能量公式 $E=MC^2$，
　C 是光速。

在場的聽眾多半是博士和碩士，他們聽完之後很不同意，也極為不滿，但他們不審查或者反駁我的理由或結論，卻只是說：「你一個中國人，憑什麼來批評我們美國人的經濟？」

那時，我在麻省理工學院已經教了四十年的書，但他們依然認為我是中國人，沒有資格批評美國的經濟。這種格局就令人很無語。這麼一個以愛因斯坦相對論為招牌的雲端公司，為什麼會聽不懂在他們面前即將來臨的災難？也許那些攻擊我的人，已經投資了與衍生債券相關的住房或其他投資，因此不希望我來探討這個問題，把大氣泡戳破。一位仍然在那邊教中文的老師後來告訴我，她聽到其中兩個攻擊我的人討論說，「銀行必須降低我的房貸，因為我的房子現在只值房貸的一半，不降低，我就不要這個房子了。」

距我這次演講僅僅十天後，幾乎是在一夜之間，衍生性金融債券突然從最高的 AAA 等級跌到像沒有人要的垃圾，銀行以及其他的金融機構開始倒閉，人人自危，就怕你借錢出去的那家銀行或者顧客會有不為人知的黑帳而倒掉，全世界的經濟到了崩潰的邊緣。

兩個星期之後，我應邀再次到麻州大學演講。演講結束以後，一百多位聽眾圍著我，大多數是麻州大學的老師們，他們焦急地問：「您講的都應驗了，現在我們該怎麼辦？我的退休金該怎麼辦？我的退休金帳戶 401 快要變成 101 了！」

我給他們的建議是：股市狂崩之後，要準備買，而不是賣。我現在最大的投資項目 Nvidia 就是在 2008 年 10 月 15 日，每一股以 6.9 美元買的，到現在（2020 年 12 月 4 日）一股是 541 美元。Nvidia 從很小的製圖芯片公司，變成世界上最大的人工智能電子公司。人工智慧最重要的一部分，就是快速而精準地分析我們所看到的圖像，然後採取行動。Nvidia 的創辦人黃仁勳（Jenson Huang）也是從臺灣來美國的一代英才。

在這個瘋狂崩潰的金融危機被我不幸言中之前，人們都覺得我是危言聳聽，覺得美國政府是高瞻遠矚、無所不能的，覺得美國的經濟專家和銀行家們是精明到了極點、技高一籌的人。他們被欲望和自負沖昏了頭，而到了危機真正到來的時候則束手無策。

當經濟崩潰之後，哈佛、麻省理工學院等名校的政法商學院的教授們，與政府金融界的專業人士、華爾街的人士以及美國聯邦儲備銀行的幾千個經濟財政研究人員，居然聯名發表一篇文章，承認他們當中沒有人覺查到經濟會突然崩潰。如此眾多的專家，包括麻省理工商學院的教授，他們具有動物般的從眾心理，跟著領導走。因為從 1995 到 2008 年，美國這些歷任總統、高層領導們一致主張，每一個美國人都應該有自己的房子，不論貧窮還是富有，居有定所，是美國人物質生活的最基本條件。既然在上位者如此認為，這些專家學者們也就一窩蜂地跟隨著吹捧，那樣他們才能名利雙收。

之後的幾年裡，中國在基礎設施方面的巨大支出和世界有能力儲蓄的人們，基於對將來生活的恐懼，而發生的不自覺儲存行為，幫助聯邦儲備銀行收回了大量印刷的額外美元，最終暫時拯救了這場大衰退。美國前總統歐巴馬終於在 2020 年承認，美國推遲了對中國的經濟戰爭，因為美國需要中國來挽救這場重大衰退。

當經濟崩潰時，政府根本就是被華爾街的人所操控，聯邦儲備銀行用納稅人的錢投資七萬億美元來拯救一些金融機構。當這些參議員與國會議員決定救 A 銀行而不是救 B 銀行的同時，就打電話給他們的助手去買 A 銀行的股票，賣 B 銀行的股票。也就是，在大家還不知情之前，他們已經大賺一筆。而且，他們這樣賺錢，雖然完全不合理，但卻完全合法，因為是這些議員們制定了這些法律，他們縱容自己可以這樣做，而別人卻不可以。

中國的貪污經常是不合法的，所以才有官員被繩之以法。而美國

的貪污，雖然不合情理，但經常是合法的。當權者可以使用「謀略」，悄悄地在人不知、鬼不覺的情況下，制定對他們自己有利的法律，或把已有的法律修改得對自身有利，所以美國鮮有銀行家、政府官員及國會議員因貪污而被法辦的案例。美國的猶太人士掌控著美國的金融界，他們利用政權控制全世界的金融，包括中國。

大家應該記得 2015 年時中國的股票暴漲暴跌，這是因為華爾街人士與中國一些投機團體在操縱，他們先操縱股票大漲，吸引大家去買，等大家買了之後再操縱使之暴跌。一家每股 28 塊錢的 ETF（交易所買賣基金）CAF（Morgan Stanley〔中國基金〕），居然在中國的股票暴跌之後，一天之內，分紅 4 塊錢的股利，跟 8 塊錢的資金賺錢回報。

以上這些就導致了美國青年（尤其是學生）的不滿，學生們到華爾街示威遊行，結果被打壓，致使美國青年對十五年來的美國政壇渴求唯利是圖的激進派的改革極為不滿。

2016 年，美國總統大選，全民意見分裂到以上列舉的兩個極端化例子，以致選民沒有什麼好選擇，只能在因為電郵醜聞而被撕破假面具的偽君子，與賠錢就破產、賺錢就逃稅的真小人之間，勉為其難地做個取捨。

什麼是偽君子？他們表面上總是對你笑臉相迎，但是暗地裡不知道在設計怎樣惡毒的圈套，要整你以圖私利。

什麼是真小人？他們喜怒形於色，就像一條餓狼，講明了他要吃你。大家都知道「餓狼與羊」的寓言故事，餓狼要吃小羊就說：「你去年把我的水弄髒了。」

小羊回說，「去年我還沒有出生呢。」

餓狼並不聽小羊的解釋，儘管沒有藉口，狼還是把小羊吃掉了。所以孔子說：「君子喻於義，小人喻於利。」

小人唯利是圖，小人隨時可以毀約。小人掌控金融業，隨時可以

使貨幣、債券貶值。

　　所以，不論對於經濟、金融還是政治，都需要用批判性的思維方式來審視。我們要警惕這些政治家、經濟學家和銀行家們，他們口口聲聲說為國為民，不一定就是他們的心聲，甚至只是他們用以謀私的障眼法。你如果能批判性地加以判斷、預防，從而防患於未然，就能更好地保全自己，更好地識破他們的計謀。

互補和互毀

最理想的一國領袖應當是一個真君子。

真君子是一個講信義的人，一個有仁愛心的人。《禮記·大學》中，作為一位領袖的八項要素——格物、致知、誠意、正心、修身、齊家、治國、平天下——所論述的「欲誠其意者，先致其知；致知在格物。物格而後知至，知至而後意誠」。在後面，我會用孔子、杜甫、李白三個例子，詳細解釋「格物致知」的真正意義。君子以信義仁愛結交萬邦，尋求雙方面的長期利益。君子怎麼對待小人？曉之以害，誘之以利，團結群眾，孤立小人。

我希望中美互為磨刀石。孟子曾說：「入則無法家拂士，出則無敵國外患者，國恆亡。」中國歷史上經常是五十年興亡，假如有中國而沒有美國，或者有美國而沒有中國，就容易變得驕傲奢侈，國不會恆久。就如同美國（至少在 1990 年前）已幾乎做到了大同世界，1995 年後，美國沒有了蘇聯這塊磨刀石，就出了大問題。所以我認為中美和平競爭對人類是最好的。

目前中美這兩個大國的關係，就是互補和互毀的關係。什麼時候是互補？什麼時候是互毀？

在太極圖裡，陰陽是互補的，陰＋陽＝1（宇宙），一個帶正電的質子，一個帶負電的電子，兩個合在一起就變成一個氫原子，是宇宙的

基本構成物。在後面我會跟大家詳細解釋我理解的太極圖的真意。

　　什麼是互毀呢？一個正電子與一個負電子碰撞到一起，就互相毀掉，完全沒有了！一個仁愛的人與一個喜歡殺人的人碰在一起，有時就互毀了。所以異類相聚，有的時候是互補，有的時候是互毀。

　　中國和美國以不同的制度和平競爭是互補，發動核彈戰爭則是互毀。中美兩國在經濟上都各存在著很大問題，我們先看美國；從美國的人口年齡分布圖中可以看到，從 0~4 歲到 35~39 歲，美國的人口增長是很穩定的，問題是人口快速增加背後所夾帶的經濟壓力，目前有47% 的美國人民是靠政府的經濟資助維生，以後還會更多！

　　相比之下，中國的人口年齡分布很不穩定。現在 25 歲的人到了最高峰，從 25~40 歲是買房子的最高峰，再過幾年中國買房子的人就會驟降，預計驟降 30%，從鄉村到城市的人數如果不能補缺，這將是一個很大的問題。

　　2014 年，我在臺灣演講的時候，也談到了這個問題。臺灣的現狀比中國大陸還要嚴重，臺灣的生育率已經降到了 0.8，也就是一對男女，平均只生 0.8 個小孩，是世界生育率最低的地區。我曾經警告臺灣，臺灣的經濟很危險。2014 年，臺灣的房價跌了 30%，所以人口的多少是一對互補和互毀的關係。人口多了，影響經濟的發展；但是人口少了，同樣會影響經濟的發展。

　　2020 年，美國展開對中國電子業的全面封鎖，這使得台商回流，台積電和一些臺灣的科技公司利用了中國高超的工藝及歐美的科技，成為世界第一的電子代工中心，使得臺灣經濟大大好轉，房地產業跟著上升。孟子說：「雖有智慧，不如乘勢。」這裡智慧是指當初李國鼎和張忠謀等人，自我約束於代工，而不跟歐美廠家競爭科技，這樣就把歐美廠家的技術都吸引過來，累積成為台積電今日一枝獨秀的局面。

　　2020 年初，由於新冠狀病毒迅速蔓延，中國在 1 月 23 號將武漢封

城。臺灣也關閉了其邊界，中國遊客必須接受機場檢疫，住進防疫旅館隔離二週，並嚴格追蹤與患者接觸者。

麻省理工學院2月3號開課，1月底的時候，麻省理工學院校長公告，歡迎中國學生回來上學，不可對之歧視。同時新冠病毒在歐洲開始流行。2月1號，麻州大學一位從中國回來的學生得了冠狀病毒，麻省繼華盛頓、加州、紐約、紐澤西州成為新冠狀病毒出現的第五個州。2月2號下午5點鐘，我看到麻省理工學院仍未採取任何防疫措施，因此電郵給校長：「不是歧視的問題，為了防止疫情蔓延，中國回來的老師和學生必須自我隔離兩星期。」

兩個小時之後，校長電郵全校照做。我告訴學校，美國人自由慣了，不肯像中國人一樣戴口罩、自我隔離，再這樣下去，疫情會變得很嚴重。

2月20號，病毒在這四個州快速蔓延。而川普總統居然在電視上宣告：「美國沒有冠狀病毒的問題，冠狀病毒會很快消失。」絲毫不做防疫準備，荒腔走板到了極點。於是我通告親友們：美國經濟將遭到遠遠大於中國的衝擊，應該減少投資。

3月5日，麻省理工學院的租戶，緊鄰和研究夥伴之一的渤健公司（Biogen Idec）報告說，有3個人因為參加了與許多歐洲疫地來訪客的會議而確診。又過了一週，與渤健公司相關的感染者人數超過了100位。到12月，與渤健公司開會的相關患者，人數已經超過了30萬。如此有名的生技公司居然不知道隔離和戴口罩的重要性。

3月6號，我要求學校供給每一個教室消毒液和消毒紙，並經常消毒廁所、電梯等區域。主管當局完全被動地做出了反應，只有在我推他們一步之後，他們才邁出一步。3月15號學校宣布停課，改網上教學，給我們兩個選擇：用新的Zoom或用老牌的Cisco Webex。大多數班級都選擇比較好用的Zoom。

隨即疫情大爆發，美國五十州亂成一團，紛紛採取不同的行動，有的封州，有的封市，有的封店，卻不能有效地強制執行最基本的戴口罩和在家隔離，更是不可能完全的追蹤病人，於是隨之店家紛紛休市，三千萬人失業，美國政府緊急通過了數萬億美元的救濟金，每個人先發二千美元，失業者一週發六百美元，比許多人平時工作的工資還高。加上小企業救助法案，每個美國人的債務立即增加了一萬二千八百美元，是中國的十倍。而中國主要用於基礎設施建設。事先不準備，病急亂投重藥，簡直是賄賂選舉。於是，

　　3月20日我通告親友們：美國經濟將遭到美元貶值以及通貨膨脹的巨大危機，應該把現金與債券改為投資科技公司，尤其是 Zoom、Nvidia、Apple、台積電和那時剛被國家批准可以大量測試疫苗的公司莫德納（Moderna）。這是百年一遇的大疫疾，也是我十年來最大的兩次動作。一收一放，恰巧都是最適當的時候。

　　《論語》：「賜不受命，而貨殖焉，億則屢中。」意思是，孔子說子貢不相信命運，卻能經商致富，對市場行情判斷精準。「億則屢中」是應用這種格物致知邏輯的結果。

　　如今美國疫情近二千萬人染疫，染疫的軍人也超過十二萬。莫德納公司的疫苗可望在十二月中（2020年）上市，95％有效，而且不需要超低溫的保溫運輸，是人們最好的寄望。

易經

　　孔子六十四卦的乾卦，是由六條陽線（☰）構成，所具能量最為強大的一卦，用於形容一條龍、一個人、一間公司或一個國家，充滿能量的成長過程，再合適不過了。

　　第一階段，是形容一頭沒有母親保護的幼龍，藏在很深的水裡，

露出兩個眼睛四處張望，默默養精蓄銳，不敢張狂引人注意。

第二階段，幼龍離開了深潭，走到田野間，四處張望探索，去和其他的先進們交往。

第三階段，是在白晝行動，夜晚躲避，處境還是很危險，為了化險為夷，不敢犯重大的錯誤，需小心翼翼、謹慎從事、自強不息。

第四階段，龍從水中躍出，開始在舞台上施展，不過還是要時常審度自己莫要犯大錯。我覺得這就是中國現在的情況。

第五階段，龍在天空中高高飛翔，可以與任何人交往。這是美國在二戰後的境界。

最後一個階段，這條龍太過驕傲自大，超過正常的限制，犯錯的暴風雨就要來了。他開始做令自己感到後悔的事情，就像一個人處在高處，而得不到他手下人的真誠支持，不能任用賢能，不經思考地發推特（Twitter），做完就後悔。

這第六階段恐怕就是美國的現狀。第四階段就是新興的中國，與第六階段盛極而衰的美國，兩者建構了一個沒有明顯領袖的世界。東西兩種文化固然有相反的地方，但是可以互補相成，他山之石可以攻錯，達到一種和平競爭的境界。我覺得這正是世界人類和平發展的最好狀況。

孟子說，「入則無法家拂士，出則無敵國外患者，國恆亡。然後知生於憂患，而死於安樂也。」

這種互補和互毀的理論，用於經濟學、社會學、政治學等學科的研究，尤其是觀察、研究和分析國與國之間的關係，研究經濟發展、研究人與人的關係，都是非常有價值，也很有趣。

從以上的例子，我們可以看得出批判性的思維能力與思維方法，對於科學研究來說，不僅意味著一種面對科學的態度，它還是一種運用於研究和發現最為可貴、最為有效的法門。推而廣之，這種批判性

的思維方法，不僅僅對於自然科學的研究是不可或缺，對於社會科學的研究同樣也不能缺少。

我主要舉的都是我們社會生活中的例子，而沒有自然科學的例子，因為這樣的例子在自然科學的研究中比比皆是，毋庸我在這裡贅言。當然，我還有另外的用意，在於我要提醒各位，你的科學研究，不論是自然科學研究，還是社會科學研究，都必須關注我們所處的時代和社會。你不能只是一個單純的研究機器，應該是一位有情懷的人，一位有情懷、有人生價值追求的科學研究者。換句話說，你的科學態度和批判性的思維方法，要立足於你所生活的堅實的大地。

所以，科學研究是跟人文關懷密不可分的。我希望大家能注意到，這是我的這些演講最基本的立足點和出發點。

在後面的篇章中，我還會舉詩詞、藝術、中國哲學的例子，來說明作為一個在中國出生、長達六十年在海外從事科學研究的學者，中國的文學藝術、哲學思想與我的科學研究的關係。

二　重大科學發現的方法與科學謎題

2016 年年終，我訪問中國成都電子科技大學的時候，利用訪談的間隙，去了一趟成都西北部的九寨溝。前往九寨溝的途中，必須先經過很長一段草木難生的岷江流域，然而一過寨口，呈現眼前的卻是在層層疊疊的青山峻嶺中，天光雲影共徘徊的四十多個湖泊，或五彩繽紛，或水清如鏡；它們又被許多飛珠濺玉的急流瀑布所串聯。在淙淙、嘩嘩、汩汩的流水聲中，花香鳥語，真是人間仙境。

經過八個多小時的顛簸之後，猛然看到這樣的美景，那份喜悅不言而喻。遙想當年九寨溝的發現者，經過長途跋涉，走過窮山惡水，突然發現這麼美妙的景色，想必當下的艱辛與快樂是可以和科學家久困之後，豁然開朗而有重大科學突破與發現相提並論。

每一位從事科學的研究者，在他們的歷程中都希望能有所發現、有所建樹，那麼該如何做，才可能有一個重大的發現呢？

第一、要有敏銳的觀察力。我們要注意到有些事項不合邏輯，或者有些事項需要進一步的分析。為了解決這些矛盾或進行新的探索，我們需要尋找一個信號，這個信號如果有理論的引導就比較容易。因為比較容易，所以在你的周圍自然就會存在很多競爭者相互競爭，因此你要有特別的、技術上的突破，才能使得你的結果比別人更精準，這樣你才有機會在眾多的競爭者中脫穎而出。這一類的例子如我們所

知道的：反質子、希格斯玻色子的發現。其中在尋找使我們有質量的希格斯玻色子上，是有足夠動機的，希格斯玻色子的特性早已被標準模型理論預測了四十年之久，現在看來，它的尋找方法與信號是有理論根據引導的。

有的時候這個信號是沒有理論根據引導的，這無疑提高尋找的難度，當然其意義也就更大了。像費米（Enrico Fermi）發現慢中子和連鎖反應裂變、我們發現 J 粒子，在當時都是沒有理論預測的，完全靠自己在新領域裡摸索。我們尋找壽命長、有狹窄高峰的 J 粒子，當時唯一的動機，就是那時候已經有三種壽命短、寬峰的重光子存在。

為了測量三種重光子性質，我們做了好幾年的實驗。丁肇中博士認為也許還有更多類似壽命短、寬峰的重光子存在。後來出人意料之外，壽命長、狹窄高峰的 J 粒子真的就被發現證實是第四種（很重的）截然不同的新的重光子。就像哥倫布開闢新航線要去印度，卻找到了美洲。

這裡的重點是，開創沒有人走過的新航線：設計建造非常精準出色的儀器，實驗室審查委員會說沒有必要用這麼好的解析度，我們經過很大的努力才說服他們。

所以，要有重大發現，關鍵在於知道你所要的信號特性。這些信號可以直接透過觀察將它找到，而有了這些發現的信號後，理論才得以發展出來；然後用你所有的知識，想辦法把不要的背景全都刪除，而透過量測出信號與噪音的比例（signal to noise ratio）可以很有效地達到去除背景的需求，只要把信號與噪音的比例最大量化就可以了，當然，這需要非常精準出色的解析度。

最後，你會發現所找到的那個信號一定具備某些特性，其中一定有很大的背景。否則別人早就找到了，何必等你呢？這裡的背景就如同聽音樂時，在我們周圍出現的一些不協調的噪聲。所以你要有科學

的敏銳性、要知道信號跟背景的特性，以及要有把信號與其背景分開來的能力。

這裡就我自己經歷的一些重大發現來向各位介紹，我在這些科學發現中所運用的一些基本方法，以及這些重大發現的關鍵點和意義。

第一個題目是「如何解決一些神祕的謎題」：包括美國甘迺迪總統遇刺之謎、第一顆原子彈的能量、核反應堆的安全問題。

第二個題目是「亞核物理學」：包括電子的發現、反質子的發現、量子電動力學的建立、重光子的發現、J粒子的發現、3噴柱膠子的發現。

最後介紹最近我跟段兆雲、陳紅勝兩位教授的合作項目：用電子束在人工材料中誘發的電磁輻射波直接測量巴比內原理（Babinet's principle）。

這裡面包括各式各樣的題目，用非常多元化的主題去表示創新的辦法，這些研究和發現有著廣泛的影響。這種影響不僅僅限於物理學，在其他的許多領域、眾多範圍內都有廣泛影響，如甘迺迪遇刺、原子彈爆炸、核電等都跟物理有關係，恐龍絕種也跟物理有關；所以，解決這些神祕問題，就如同大偵探福爾摩斯破案一樣。怎樣才能像福爾摩斯一樣呢？福爾摩斯又是如何能看到別人看不到的、預測別人猜不透的東西呢？

加州柏克萊大學有很漂亮的校園，勞倫斯柏克萊輻射實驗室在校園後面的一個很陡的山坡上。元素週期表中，92號之後幾乎所有的重元素，都是在這間實驗室裡發現的。

陽光燦爛的時節，師生們都喜歡坐在那個餐廳外面的院子一起進餐、飲茶或喝咖啡，有的時候還能看見落日的金色餘暉，太陽從實驗室正對面，金門大橋下的兩個橋墩中間，與海灣中一連串的日影相映輝，慢慢融合為一，消失在海天交界處。所以大家很喜歡工作空隙的

時間，花幾分鐘在那裡放鬆一下，看看風景。

我們學校有一位教授路易斯‧阿爾瓦雷斯（Luis Alvarez），他是世界上發現粒子數量最多的一個科學家。他發現了幾十個新粒子，當然沒有一個比我們的 J 粒子重要。他所有的新粒子都是由三個普通的夸克組成的，重量輕，壽命短，相互作用太強而無法從理論上計算出來。因此，夸克模型的發明者蓋爾曼（Gelmann）在 1970 年的麻省理工學院研討會上得出結論：「夸克可能只是一個數學模型，可能與現實無關。」

這些粒子與 1974 年夏天我們發現的 J 粒子形成鮮明的對比：J 粒子重，壽命長，相互作用弱，在理論上可以通過量子色動力學推導出它各色各樣的特性，因此也建立了量子色動力學在核作用上的地位。

然而路易斯‧阿爾瓦雷斯教授也是第一個提出彗星撞地球導致恐龍滅絕的理論，隨後他與他的兒子沃爾特（Walter）共同找到了恐龍滅絕的證據。他們發現整個地球的表面覆蓋了一層來自太空的特種塵埃，因而證明了自己的恐龍滅絕理論。他更進一步利用微中子，透過一種不破壞的方法，去埃及古法老王的墓中尋找石壁裡藏寶的密室。他真是多才多智，非常有趣的人。

所以，科學發現是一個有趣的過程，一個人的才華、知識積累、思維方式，對他的科學研究和發現，都有很多或隱或顯的影響。科學並不全然是一個人靠著勤奮就能有成就的，很多時候，科學家的審美愛好、個人興趣和才能，才是決定性的作用和因素。

科學之謎（一）：甘迺迪遇刺之謎

　　1963 年 11 月 22 日，發生了甘迺迪遇刺事件 [1]，這在當時的校園裡成了一個熱門的話題。有一天的中午，我們幾個博士班的學生與路易斯‧阿爾瓦雷斯教授圍著一張野餐的長木桌共進午餐。正當我們愉快地進餐時，一個學生突然氣喘喘地跑來，興沖沖告訴大家最新的新聞報導，說負責偵查這個案件的沃倫委員會（Warren commission）不知道槍殺甘迺迪的槍手是一個還是兩個。

　　阿爾瓦雷斯教授聽了之後悠悠地說了一句：「也許我可以幫忙解決這個難題。」

　　幾個星期以後，阿爾瓦雷斯教授把我們叫到一個屋子裡，把燈關了以後，他就開始放錄影機，這是一個業餘的攝影愛好者拍到的甘迺迪被刺的實況影片。但影像沒有聲音，無法聽到槍聲，聽不見槍聲，破案就更難了。

　　鏡頭播放到甘迺迪總統乘坐在一輛敞蓬汽車上，在總統護衛隊的圍繞之中緩緩經過的時候，在黑暗當中，我們聽見阿爾瓦雷斯教授喊

---

1. 甘迺迪遇刺事件（Assassination of John F. Kennedy）：1963 年 11 月 22 日時任美國總統約翰‧費茲傑拉爾德‧甘迺迪與夫人在經過德克薩斯州達拉斯的迪利廣場時被刺殺的事件。甘迺迪是美國史上第四位遇刺身亡的總統，也是第八位在任期內去世的總統。

道：「這裡飛來了第一枚子彈……這裡又來了第二枚子彈……」

我們睜大眼睛，驚訝極了！因為影片的品質極差，我們根本看不出來甘迺迪總統被擊中了，更不用說看到子彈飛來了。

阿爾瓦雷斯博士接著解釋：「因為子彈的速度超過音速，所以每顆子彈都帶有震蕩波，這個振蕩波的角度跟它的速度有關係。這個角度的餘弦（cosine）就是聲速除上子彈的速度，當這震蕩波擊中拍攝者的手臂時，他的攝影機將會不由自主地震動，因而就能看到影片有點跳動。」

如果我們曉得攝影機的拍攝速度，從兩枚子彈之間的影片幀數，就可以推測出兩枚子彈射擊的間隔時間，計算出一個熟練的槍手是否有足夠時間重新裝第二顆子彈。

但是攝影機有兩個速度模式，一個是每秒鐘 24 幅畫面，另一個是每秒鐘 48 幅畫面。遺憾的是，攝影者忘記在射擊的那個時間，他使用的是哪個模式。

阿爾瓦雷斯博士說：「儘管如此，計算這個速度也沒有問題，因為影片裡有一個時鐘滴答作響。」

所有人都瞪大了眼睛仔細看，但是根本看不到任何時鐘的存在，即使有的話，影片的品質也差到根本不可能顯示出時鐘上秒針轉動的速度。你能看見一個鐘嗎？什麼鐘也看不見，可是阿爾瓦雷斯博士說裡面有個鐘，鐘到底在哪裡呢？

阿爾瓦雷斯博士看到我們百思不得其解的困惑神情，就指著畫面中，站在總統敞蓬汽車後面一個正在拍手歡呼的人，說：「這就是時鐘。倘若他拍手的速度加倍，這個人必須使用八倍大的功率，但這樣會讓他非常疲倦難受，所以他不可能這樣做。」

他接著說：「拍手的速度決定了照相機的速度，乘以影片第一枚與第二枚子彈間的幀數，兩枚子彈間的時間長度便可以確定了。」

阿爾瓦雷斯博士斷定：射擊的時間間隔，表明槍手有充分的時間可以再裝子彈射擊。但是他也不能肯定槍手是一個還是兩個，只說可以斷定一個槍手能夠做到連開兩槍，這就是他的結論。答案是一個槍手就能夠做到，這就夠了。

　　對於阿爾瓦雷斯博士的解釋，我們衷心折服。

　　看大家佩服得五體投地的表情，阿爾瓦雷斯博士卻謙遜地說：「你們不用太讚美我，這不是我的發明，我是從費米教授那裡學來的。」

　　眾所周知，費米教授是慢中子和連鎖反應的發現者，是我的論文指導教授的指導教授，是我的師祖。1942 年 12 月，在費米教授的指導下，芝加哥大學設計並製造出的人類第一台可控核反應堆首次運轉成功，這是人類第一次成功地進行了一次核鏈式反應，這是原子時代的真正開端。

　　所以，這個事件對我最大的感觸就是，留心生活，處處皆學問。科學需要豐富的想像力，需要對細節的超乎尋常關注和洞察能力。

科學之謎（二）：第一個原子彈的爆炸與震蕩波的運用

　　1945 年 7 月 16 日，美國製造的世界上第一顆原子彈在新墨西哥州阿拉莫戈多試驗場試驗成功。阿爾瓦雷斯博士說，因為原子彈的威力太危險了，所以費米教授和其他觀察員都只能躲藏在壕溝裡測試，爆炸後四十秒，這個衝擊波就到達了費米教授藏身的那個壕溝上面。費米教授此前已經把一些撕碎的小紙片放在一個六尺高的台面上，那個衝擊波一來，就把這些碎紙片吹起，橫飛飄走。

　　衝擊波過去之後，費米教授拿出量尺量了一下，從六尺高落下、橫飛了七點五尺遠。用牛頓力學，不到一分鐘，費米教授就已經算出衝擊波打碎紙片的加速度是多少了，他隨即計算出原子彈的能量是一萬噸 TNT。

　　兩個星期後，實驗室發表的原子彈能量，與費米教授當初計算的數據，差異僅僅百分之二十。

　　當時，阿爾瓦雷斯博士就蹲在費米教授所在的壕溝裡，卻不知道費米教授在幹什麼。後來費米教授給他講解如何用震蕩波來測量速度與能量。阿爾瓦雷斯博士就是這樣從費米教授那裡學到這手絕活。

　　我覺得我們每一位思想家都應該像阿爾瓦雷斯博士，把創造的出處講出來，讓讀者追本溯源，跟隨我們的思想之路，而不是獨占鰲頭。這一點連李白、蘇東坡和徐志摩等等，一等的文學家以及很多科

學家，都沒能做到。（見 7-1 給朋友的信：「夜鶯」以及「詩人楊牧二三事」）

　　幾年過後，阿爾瓦雷斯博士因為發現很多新的基本粒子，而在 1968 年榮獲諾貝爾物理學獎。如前所述，他是第一個提出一塊大隕石撞擊地球而導致恐龍從地球滅絕的理論，此為至今最普遍的臆測學說。他運用宇宙射線搜尋暗藏金字塔裡面的珍寶。這位科學家生活多彩多姿，謙遜而不居功張揚。我總認為一流的科學家應當如此。

　　這個現象很重要的一點就是，鈾與鈾相互作用，爆炸出來的能量是個均勻的球面分布。這點我希望大家記住，之後我們發現 J 粒子和膠子都跟這個能量分布有著密切的關係。

　　阿爾瓦雷斯博士是個非常有天分的人，他從費米教授利用原子彈爆炸的震盪波來測量原子彈的能量，加以融會貫通，應用於推斷甘迺迪總統遇刺事件的槍擊時間，從這裡我們不難發現，科學家都是善於發現，善於學習，善於變通的。中國古代哲學家把這些特性總結為觸類旁通、舉一反三。

　　孔子在《論語》中有這樣的論述：「不憤不啟，不悱不發。舉一隅不以三隅反，則不復也。」這才叫真正善於學習。

　　我們也可以繼續「舉一反三」，從這個震盪波的傳遞，來解決一些生活中的現象。

　　很多人家裡都養有寵物，但很少人會注意到，當我們在遠處呼喚寵物的時候，牠對聲音的反應在日與夜會有所不同。白天，你呼喚在遠處的寵物，牠經常沒有反應；而晚上，當你叫喚遠處的寵物時，牠的耳朵立刻就豎了起來，馬上就會跑過來。這是為什麼呢？不是因為你的寵物白天忙，或者心煩，不愛搭理你，也不是晚上牠要指望你提供吃喝和住處，就愛搭理你了，而是因為白天地表溫度較高、空氣密度較低，所以聲波會向上折射，使得牠聽不到你在遠處叫喚的聲音。

寵物在大熱天聽不到你在遠處的叫喚聲，《山海經・大荒西經》中描述得很清楚：「有壽麻之國……。壽麻正立無景，疾呼無響。爰有大暑，……」

到了晚上，地表溫度降低、空氣密度較高，聲波就向下折射，牠自然就能清晰聽到你的呼喚聲。

再舉一個例子，用以上這個方法，我們可以設計一套防爆裝置。比如，在一千公尺外有顆炸彈爆炸，爆炸產生的衝擊波衝向你來，三秒鐘後就會到達你所在的地方，你該如何自救呢？

假如你及早做準備，只要備好儀器，三秒鐘足夠你做很多防禦工作來應對衝擊波。十億分之一秒，你就可以偵查到強烈的閃光，知道一千公尺外炸彈的爆炸，判斷出是不是需要遮掩。

然後，用百萬分之一秒的時間開始採取應對，將準備的激光、電和微波把你這邊的空氣加熱，讓地表的空氣密度變低，使得衝過來的振蕩波被折射上去，這樣就能救了你自己。

現在這些快速反應的應對方法都已經變得可行了。這就是科學在生活上的應用。

賽格瑞教授於 1959 年發現反質子。1928 年，他很年輕時就發現了慢中子，從此開始了核能時代。他是如何發現慢中子以及反質子呢？

1928 年，賽格瑞還是費米教授的學生，當時費米指導他做了下面這個實驗。這是一個什麼實驗呢？

用一個中子源射出快速的中子打在這個靶上，然後散射到一個感測器，去測量中子散射的截面。這本是一個很簡單的實驗，可是他愈做愈覺得懊惱。因為他的實驗數據（DATA）早上做的、下午做的和昨天做的都不一樣，這就糟糕了！因為一個科學的實驗必須要有可重複性，不能因時間、地點而改變。如果一個實驗數據不能複製，就表明這個實驗一定有什麼地方做錯了，才會出現前後矛盾的現象。這就是

在我家客廳與賽格瑞教授合影。

賽格瑞教授懊惱的原因。

費米教授有一天中午來看他。

賽格瑞對費米說：「我的實驗做不下去了，每天測量到的數據都不一樣，而且很不一樣。我也檢查不出究竟是哪裡做錯了。」

費米看了一下說：「不要急，我們先去吃午餐吧。」

午餐結束後，他們一回到實驗室，費米就說：「我知道你的問題出在哪裡了。」他接著說：「你這個實驗，有的時候用一塊石蠟做墊子，使得中子源、靶、偵察器三者在一個平面上，你有時把石蠟放在中子源底下，有時放在靶底下，有時放在偵察器底下，會不會是這個石蠟出了問題？」

聽完費米這一番話，賽格瑞不同意地說：「不可能啊！因為這個石蠟離這麼遠，假設開了一槍，子彈打在靶上，然後散射進入了感測器，其中發生單折射的機率遠大於子彈打在靶上，隨後散射打在了石蠟上，再度散射進入感測器，這樣雙折射發生的機率相比前者就小得

太多了，對不對？」

　　我要打一個旗桿的話，必定要瞄準對著旗桿打，假如打另外一個旗桿再反彈回去打中這個旗桿，這樣的命中機率太小了。雙折射的機率遠遠小於單折射的機率。

　　費米卻回答說：「一般情況是這樣子沒錯，但是有時新現象發生的時候，會有例外，我們來研究一下。」

　　這就是發現慢中子的歷史中的關鍵所在。

　　事實是原先發射出來的是快中子，快中子打中這個靶後，反彈到石蠟，在石蠟裡面失去了能量，它就變成慢中子。慢中子返回來打中這個偵察器，這幾何的可能是個非常小的事件，概率可能是百分之一。

　　但是，假如這個慢中子跟這個感測器的作用力提高一百倍，這樣乘起來就變成一比一了，在幾何的角度來講，它是小於一百倍。現在這兩個假設如果差不多的話，表示這種東西的作用力大於原先發射出來中子作用力的一百倍。這就是慢中子，這也是快中子和慢中子的不同點。

　　這個慢中子從幾何的角度對力進行分析，會發現慢中子相比於快中子小了有一百倍之多，可是它的作用力卻大了一百倍，這經過了兩個雙折射的慢中子的發生機率永遠是遠小於快中子單折射的發生機率。這就是慢中子的發現。

　　慢中子有什麼用呢？就是在一個濃縮鈾或者其他的放射性的物質裡面，有一個慢中子就開始把一個鈾原子分裂了，分裂之後產生很多個快中子，假如分裂過程中沒有石蠟參與的話，快中子很快就跑掉了，這個反應也就結束了。

　　假如有石蠟放在那裡的話，這個快中子跟石蠟撞一下之後失去一些能量，就變成慢中子。慢中子就可以跟別的鈾原子起作用，產生很多個快中子，這樣連鎖反應就發生了，並且一直作用下去，產生大量

的能量，這就是核時代曙光的開始。

石蠟作核反應速度調制器，除了能夠將快中子變成慢中子，還能使得慢中子的截面放大千百倍，以利產生很多的快中子。快中子又撞上石蠟又變成慢中子，這就變成鏈式反應的開始，所以費米教授在1942年開始核動力和核彈項目，才有了人類歷史上第一顆原子彈。

我們分析以上的流程：

注意到中子與靶材碰撞的機率與實驗數據前後不符合是「格物」，使用慢中子來解釋實驗資料是「致知」。用慢中子數量的多寡來控制原子能釋放的速度又是另一個「格物致知」的流程。

科學發現是科學家智慧的結晶。科學家的智慧其實無處不在，他在生活中，在日常的起居裡，哪怕是非常瑣碎的生活，其實都是科學發現的組成部分。

偉大科學家的科學研究與發現的方法，他們觸類旁通的能力，他們偉大的智慧和才華，都是我們學習的榜樣，也是我們在科學研究中，在生活中，進行科學發現，並將科學的成果運用於現實生活的典範。

現在中國幾乎是擁有世界上新建核電廠最多的國家之一。核安全是每個國家都十分關注的問題。我們怎麼防止類似日本因311海嘯斷電而引發的大爆炸、大災害呢？這是一個很嚴肅而亟待解決的問題。

▶▶ *2-3*

科學之謎（三）：最佳核反應爐安全系統

　　下面介紹經過計算和實驗室推演，我認為最佳的核反應堆安全系統。有了最佳的核反應堆安全系統，才能驅除人們對核能安全的顧慮，真正迎來核電的曙光。

　　有人會說：核反應堆是多麼高深的高科技啊！我們普通人怎麼能設計一個安全系統，使得一個核反應變得安全呢？這不是痴人說夢嗎！事實並非如此。《左傳・莊公十年》曹劌論戰中所說：「肉食者鄙，未能遠謀。」就是我們應該要有的態度。

　　我們來看下面這張核反應的示意圖（P84），核反應堆中間有一些可以分裂的原子（鈾），同時中間也放了很多可以伸縮的調制器（石蠟），憑借著石蠟的多寡能夠控制整個核反應的快慢。假如要讓核反應停止，就把石蠟拿出來；想讓它快一點，就多放一點石蠟。放太多，核反應爐就容易融化，得趕緊把石蠟抽出一點來，整個過程需要用水不停地循環，用水來冷卻核反應爐，這樣水就變熱了，最後就用這些熱水來發電。這就是核能發電的原理。

　　我們也可以用控制棒來吸收慢中子，以控制核反應堆鈾和鈽的裂變率。控制棒是由化學元素如硼、銀、銦和鎘所組成，能夠吸收許多中子而不會自身分裂。因為這些元素對於不同能量的中子具有不同的捕獲截面，所以控制棒的組成能夠透過設計應用於反應堆的中子譜。

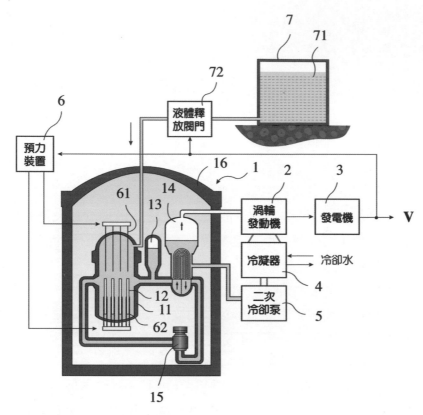

基本核反應爐示意圖。1—核能發電設備，11—反應爐，12—核燃料棒，13—穩壓器，14—蒸汽發生器，15——一次冷卻泵，61—控制棒，62—調節器，71—緊急冷卻水。

沸水反應堆（BWR）、加壓水反應堆（PWR）和重水反應堆（HWR）與慢中子一起運行，而增殖反應堆以快中子運行。

　　核反應爐最可怕的是什麼？是斷電。如果突然斷電了，冷卻水不流了，核反應爐就會過熱，過熱之後就會爆炸，這就是原子彈的原理。核反應爐就會變成一個粗製的原子彈，會毀壞很大一片區域。核反應爐的可怕之處就在於這裡。

　　核反應爐的設計方案裡有三套系統，以確保它不斷電：第一，有

發電廠的供電，就是電線供電。第二，自己發電，可以柴油發電。第三，這兩個都壞了，有電瓶供電。

如果每一種供電系統一百年才會壞一次，那麼三套系統都壞了的概率就是一百萬分之一，也就是說一百萬年才會壞一次。所以，設計核反應堆的工程師們都會說核反應堆沒問題，很安全的，因為出問題的可能性是一百萬年出現一次。

一百萬年不是一個很小的數，比如，有一百個核電廠，而現在就剩一萬年了，每一萬年就有一個核電廠要出事情。我要問的是：有三個電源，每個都是一百年才會壞一次，有沒有三個電源同時因為同樣的原因而壞的可能呢？

這叫作相關原因一起壞。這種可能性有嗎？確實有，而且也確實發生了這種誰也不願意看到的相關原因一起壞的情形。

2011 年 3 月 11 日，日本發生了芮氏 9.0 級的大地震，這是日本有地震記錄以來發生的最強烈地震，並且引發大海嘯。這次地震帶來最可怕的影響是福島第一核電站 1~4 號機組全部發生核洩漏，福島核洩漏放射量達到 6 級重大事故水平，迫使日本使用大量海水冷卻反應堆，從而污染了太平洋，甚致在舊金山灣附近都可檢測到輻射。這是歷史上的第二大核事故，最嚴重的是 1986 年的車諾比 7 級核事故。

福島核電站事故就是三個電源一起壞了，地震引發的大海嘯打過來，把三樣電源全打壞，所以不是萬分之一，而是百分之一。這就很嚴重了！

怎樣才能有完全、安全的核反應爐呢？這個是我自己想的，如果可能，希望大家能跟核工程師們討論，建議他們怎麼使得核反應爐安全，這既是為了國家的安全，也是為了每一個人自身的安全。

我們知道電源總是不可靠的，所以電源方面，除了上面說的三種之外，我覺得還可以再加一點，在核反應爐屋頂上放很多電插頭，就

是萬一連電瓶也壞了，可以用直升機運來新電瓶，在上面接上，這樣安全性就比之前的增加了許多。

如果所有的電源都壞了怎麼辦？別擔心，在地球上，只有一樣東西是永遠存在的，就是萬有引力。平常要用電力把這個石蠟吸進去，當所有的電源都中斷的時候，石蠟被重力吸引，就自然掉出來了，核反應便停止了，這是新的設計。

第一，要靠重力或一些預存的能量讓石蠟自己掉下來，而不是用電力把石蠟拿出來，因為電力是不可靠的，只有重力或預存的能量是可靠的。

第二，同樣要靠重力或預存的能量讓鎘控制棒落入反應器，以吸收慢中子，停止核反應。

第三，把石蠟拿出來，或者鎘控制棒落入反應器之後，核反應就停了，但是反應堆仍然需要大量的冷卻水：以保持冷卻水流量處在正常水平的 6%。

當核反應自己停了以後，它發射出來的放射性物質還在繼續產生熱量，這時不需要百分之百的冷卻水，僅需要 6% 的冷卻水即可將整個殘餘的熱能給控制下來。假如沒有冷卻水的話，核反應爐還是一樣會因過熱而爆炸，這個發電廠到時仍會整個熔化掉，所以還要確保有水的供應來保證反應爐的冷卻。因此，要在比反應爐位置高的地方建造水庫，水往低處流，讓水靠自身的重力流下來。常規用電的狀態下，如果沒有電力的話，就沒有辦法把冷卻水打進反應爐裡。但是建了水庫，可以讓水從高處流到反應爐裡，確保反應爐裡有足夠的水。即便不能盡如人意，收藏的水箱滿了，水溢流出來，但總比無水導致爆炸好多了。

這是我能想到怎麼使得核反應堆變得更安全的方法，請大家發揮自己的才智想一想，加以完善。如果重力的自由落體不夠快，還有很

多方法，把能量儲藏在裡面，萬一斷電時能量便放射出來，讓石蠟自己射出反應器，或者讓鎘控制棒射入反應器，以迅速停止製造或者吸收慢中子，停止核反應。

以上講的是三個科學謎題，不管是路易斯·阿爾瓦雷斯教授通過震蕩波推斷刺殺甘迺迪總統的槍手發射子彈的間隔，費米教授通過震蕩波推算原子彈爆炸的能量，還是我們根據最基本的常識利用地球引力來設計更為安全可靠的核反應堆安全系統，這些科學的發現都需要科學的方法，需要我們在探索中捕捉靈感，將最為簡單的科學理論和知識加以巧妙應用，從而發現科學的奧祕，實現科學的突破。

第二部

物理學中的心路歷程

三　亞核子物理學的研究與發現

　　粒子物理學（particle physics）是研究比原子核更深細微的物質結構、性質，同時探討它們在高能量下是如何產生、轉化以及其規律的物理學學科。粒子物理學又稱高能物理學、亞核子物理學。以下介紹的內容都屬於粒子物理學範疇，我主要給大家講一些有關電子的發現、反質子的發現、量子電動力學的接力，以及重光子、J粒子和膠子的科學發現案例。

▶▶ *3-1*

電子的發現

2017 年，我在浙江大學太赫茲技術研究中心的演講，以電磁波的發現者赫茲先生作為開場，以頻率來解釋電磁波的特性就是他發明的。「赫茲」是國際單位制中頻率的單位，用來計量每秒週期性變動的重複次數。赫茲（Hz）的名字就源自這位偉大的德國物理學家海因里希・魯道夫・赫茲（Heinrich Rudolf Hertz）[1]。

赫茲先生是科學天才，他的妻子伊麗莎白回憶當初認識赫茲時，寫道：「赫茲在星光下有一種近乎驕傲的自信。他自認是全世界唯一瞭解星光是什麼的人，在他看來，滿天的星光是不同的光體，規律地發出不同頻率的電磁波來到地上⋯⋯。在他的說明中，星夜不只是美麗的，而且是規則準確的。」

我的妻子世善則回憶說：「敏不但懂得水星為什麼是綠的，火星為什麼是紅的，金星為什麼是愛與美之神，⋯⋯陸象山如何昂首攀南斗，翻身依北辰。北斗七星中哪顆星是雙子星，哪兩顆星是繞著黑洞旋轉，⋯⋯為什麼在杜甫的詩中，星會垂？月為什麼會湧？（見第六章）。」

---

1. 海因里希・魯道夫・赫茲（Heinrich Rudolf Hertz，1857~1894），德國物理學家。於 1887 年首先用實驗證實了電磁波的存在，並於 1888 年發表論文。他對電磁學有很大的貢獻，故頻率的國際單位制單位「赫茲」以他的名字命名。

在當時，十九世紀，赫茲確實是最懂電磁波的人之一，他給我們帶來了一個很有意義的結論——光的本質是什麼？光就是電磁波！可惜他三十六歲就患病去世，否則他對物理學的貢獻將會更大。

1885 年，赫茲發現了電磁波。1897 年，約瑟夫·約翰·湯姆生（Sir Joseph John Thomson）[2] 實驗證明電子的存在，測定電子的荷質比，並因此於 1906 年獲得諾貝爾獎。

赫茲和湯姆生都是用一個陰極管，左邊是陰極，右邊是陽極，陰極管應該是真空，可是也會有一些殘餘氣體。在陰極加熱之後，這個陰極就把一種輻射（電子）發射出來，這種輻射（電子）就在電場裡面加速打中這個陽極。這個時候，我們就要用實驗來決定這個放出來的輻射是一種電磁波，還是一種有固定質量與電荷的粒子（電子）。

這是一種什麼樣的輻射呢？有以下二種說法，

理論一：它是帶電的，帶負電荷的粒子，它加速從陰極跑到陽極那裡去。

理論二：它是一種類似光一樣的電磁波。

所以它究竟是粒子，還是波？就要用實驗來決定。

那麼什麼是粒子的信號？假如是粒子的信號，粒子就會有電荷，有質量，並且它一定要遵守牛頓第二定律。

這裡有很大的背景。因為當輻射（電子）撞到這些殘餘氣體的時候，就會發出一種綠光。那個時候，人們都以為這些綠光就是陰極射線，所以赫茲首先做這個實驗。

赫茲發現這個綠色像光的東西可以穿透一片很薄的金片，而他加了垂直方向的電場之後，這個綠光並不隨著電場而轉向，所以根據他

---

2. 約瑟夫·約翰·湯姆生（Joseph John Thomson，1856~1940），英國物理學家和諾貝爾物理學獎者，他發現電子並測定其荷質比，這是第一個被發現的亞原子粒子。

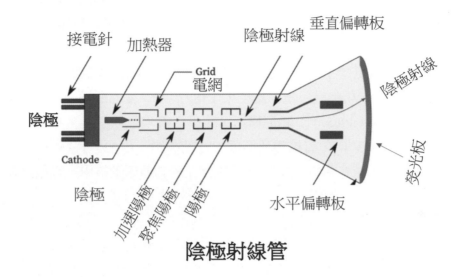

接電針　加熱器　　　　　　　陰極射線　　垂直偏轉板

陰極

Grid
電網

Cathode

陰極射線

螢光板

陰極

加速陽極
聚焦陽極
陽極

水平偏轉板

陰極射線管

的實驗結果，他說這不可能是帶電的粒子。

　　這個結論是錯的，因為赫茲犯了以下兩個錯誤：

　　第一，他的理論錯了。赫茲錯誤地認為粒子不能穿透一個薄薄的金片。而事實上，高能量的粒子一樣可以穿透很薄的金片，粒子只要能量夠大，就能穿透物質。

　　第二，這個實驗做錯了，赫茲把背景當成了信號。陰極管裡面殘餘氣體太多，輻射打中殘餘氣體，產生一大片的紅光，背景紅光的軌跡跟電場、磁場沒有關係，所以不隨著電場磁場而改變。

　　湯姆生則改良了赫茲的實驗，他把陰極管裡殘餘的氣體抽得更乾淨，使得這個紅光背景減少。紅光背景減少後，他看見了這一條比較明亮的、真正的電子軌跡，然後他一加電場、磁場，這個電子的軌跡就從這條直線，隨著磁場或電場而改變為相應的曲線，就像上圖所表示的一樣。

最後赫茲用兩個垂直的磁場、電場，精準量出電子的質量與電荷比率。電子的電荷量，跟質子是一樣的，不過電子是帶負電的。這就是電子的發現。

電子的發現迄今為止，已經一百二十多年。我覺得這是一個非常經典的實驗。湯姆生發現電荷量子化（1897 年），愛因斯坦發現電磁波量子化（光子，1905 年）和尼爾斯·玻爾[3] 發現氫原子能量和角動量的量子化（1913 年），直接導致了量子力學的發展（1925 年）。

1919 年，拉塞福[4] 證明氫原子核存在於其他原子核中，該結果通常被描述為質子的發現。

我們的宇宙是如何誕生和發展的？我會在後面的第五章「科學與人生觀」中討論這個問題，在這裡，我們先從物理學的角度再次探討這個問題。最初，宇宙處於真空狀態，沒有任何東西（無極）。在無限長的時間內，也許通過量子振盪形成了大爆炸，希格斯玻色子（Higgs Boson）是由真空產生的，希格斯玻色子迅速衰變成許多粒子（太極），宇宙最終膨脹形成許多帶正電的質子和帶負電的電子（兩儀），它們相互振動並作用，產生噪聲並吸收任何光信號，此時沒有辦法傳輸信號，這時候的宇宙是黑暗的。

然後宇宙繼續膨脹，允許質子和電子冷卻以形成不帶電的中性氫原子。許多氫原子通過重力凝聚在一起，形成恆星。太陽就是其中之

---

3. 尼爾斯·亨里克·達維德·玻爾（Niels Henrik David Bohr，1885 ～ 1962），丹麥物理學家。1922 年，他因對原子結構以及從原子發射出輻射的研究而榮獲諾貝爾物理學獎。

4. 歐內斯特·拉塞福（Ernest Rutherford，1871 ～ 1937），紐西蘭物理學家，原子核物理學之父。學術界公認他是繼法拉第之後最偉大的實驗物理學家。1908 年獲諾貝爾化學獎。拉塞福領導團隊成功地證實在原子的中心有個原子核，創建了拉塞福模型，第 104 號元素為紀念他而命名為「鑪」。

一。光，現在可以在不被吸收的情況下，穿過太空傳播，宇宙變得透明，被許多恆星照亮，呈現出現在這樣布滿星辰的夜景。

為什麼太陽可以燃燒數十億年而不減少光和熱？

2020 年是愛丁頓[5]提出太陽能起源的第一個「建議百年紀念」，即太陽能是通過弱交互作用核融合產生的，質子融合形成氦原子核是其中的源頭。弱交互作用的理論，是我的師祖費米一手推導建立的。位於法國的國際熱核融合實驗反應爐（International Thermonuclear Experimental Reactor，簡稱 ITER）的目標是將離子加熱到十億度以上，使核融合能輸出的量與電能輸入量的比值，等於或大於 10，這對核融合反應堆和我們的世界意味著什麼？由於全球變暖和環境問題的重要性，因此在未來的人類生活中，它可以替代礦物燃料。對於試圖發展的國家而言，核融合及其各種組合是重要的替代選擇，因為他們需要能源。我希望看到融合能的發展，以提供無限的清潔能源供應並轉向電動汽車。核融合將成為一種實用的動力來源，從而為我們提供無窮無盡的能源，而不會造成污染或全球變暖。

維持生命單單僅靠氫和氦原子是不夠，還需要碳、氧等輕元素，這些來自何處？這些元素的產生，必須有許多恆星死亡，在死亡過程中進行劇烈的核融合，將氦原子核聚成為碳、氧等輕元素，才能提供構建生命的基本元素。這是兩儀生四象的過程：氦、碳、氧等輕原了或元素，是由億萬顆垂死的太陽產生的。這是兩儀生四象的過程。

然而只有氫、碳、氧……等輕元素仍不足以創造生命，我們仍然需要鈣、鐵、鎂……等重元素，這些重元素來自何處？當一顆質量

5. 亞瑟‧斯坦利‧愛丁頓（Arthur Stanley Eddington，1882～1944），英國天體物理學家、數學家，是第一個用英語宣講相對論的科學家。自然界密實（非中空）物體的發光強度極限被命名為「愛丁頓極限」。

很大的恆星死亡，它會塌陷成中子星或黑洞，而當兩三個中子星或黑洞相遇，就如同跳華爾滋舞一般，彼此發出非常強的引力波牽引著彼此，最終塌陷，重元素也在此刻誕生。這是四象生八卦的過程：元素週期表是由許多對垂死的中子星或黑洞產生並完成的過程。

　　以上以現代物理學為基礎，解釋無極生太極，太極生兩儀，兩儀生四象，四象生八卦的過程，是本書中我的宇宙理論的基礎。

　　和我同時期加入麻省理工學院做研究的，尚有其他兩位教授，一位叫羅納德・派克（Ronald Parker），他致力於控制核融合，建造了一個比一個更大更強的托克瑪克（Tokamak），總想產生既廉價清潔又無限的能量。可是經過數十年的努力，核融合所產生的能量總是遠遠小於放進去的電磁能量，一直到他退休，也沒有達到他預期的效果。最後，他的團隊全部解散，幾十名研究員、工程師都離開了麻省理工學院。值得一提的是，有一次派克跟我做實驗，曾經一度紅遍世界的冷核融合實驗和理論，在常溫下的重水和鈀棒（催化劑）中，用帶負電的渺子（Muon），將兩個氫或氘原子核吸引在一起，引導核融合，產生無限的廉價能量。我們的實驗證明了冷核融合是不能發生的。

　　另外一位教授是萊納・魏斯（Rainer Weiss）[6]，他的團隊使用具有一條平行臂和一條垂直臂的雷射干涉儀，致力於重力波的偵查：當重力場巨大變化時，每個臂的長度會隨著重力場的強度，而做不同的改變，從而導致干涉現象。不過直到他退休，也沒能找到重力波。

　　那時加州理工學院有一個最初是進行高能物理研究的小組，不過

---

6. 萊納・魏斯（Rainer Weiss，1932~）美國理論物理學者，麻省理工學院物理學榮譽教授。2017 年，魏斯因對雷射干涉重力波天文台探測器及重力波探測的決定性貢獻，而與巴里・巴利許（Barry Clark Barish）及基普・索恩（Kip Stephen Thorne）共同獲得諾貝爾物理學獎。

在美國大型強子對撞機關閉後，便轉行改進了他們的雷射干涉儀，最後，在 2016 年發現了重力波。而在兩個中子星（或者黑洞），互相吸引而毀滅的過程，所產生巨大的重力波——這證明了時空會隨著重力場的強度而改變。萊納・魏斯也因此在退休後獲得了諾貝爾獎。

這兩個事件大大地衝擊了我，感嘆之餘，2018 年，我在麻省理工學院的同事萊納・魏斯和他的團隊發現了引力波，並獲得 2017 年的諾貝爾物理學獎之後，我寫了一首詩祝賀他的工作和成就。原詩是以英文寫的，下面是在此基礎上翻譯成的中文：

珍貴的生命

又一顆太陽熄滅前的嘆息：
我的生命即將消失
隨著我最後的火焰
曾經照亮這世界
卻即將被黑暗所吞噬

我的心憤憤不平
為何讓我的塵世之旅徒然？
唯有我所生產的氧和碳終將不朽
成為簡單生命的必要基石……

再一對中子星在告別舞會中狂飆：
我們的生命即將消失
曾經吸引萬物
卻即將粉身碎骨

隨著震驚宇宙的爆炸
改變空間和時間。
我的心憤憤不平
為何讓我的塵世之旅徒然？
唯有我們死亡的華爾滋中產生的
鐵與鎂終將不朽
成為生命之血的重要成分。

偉大的科學家們在未知中探索
渡過艱辛、挫折後的慰藉
憑藉靈感、汗水和毅力
由於宇宙定律的發現，戰勝了死亡
提升生命的精神。

　　麻省理工學院物理系的前系主任、教務長辦公室，研究所社區和股權官員艾德蒙・貝茲辛格（Edmund Bertschinger）[7]教授以及萊納・魏斯教授讀了我的詩後，寄了郵件給我，表示感謝：
　　「Min，你的詩非常美妙，我很感謝你綜合科學和人文，這對於維護個人、國家和世界的生活福祉是必需的。」

---

7. 艾德蒙・貝茲辛格（Edmund Bertschinger），麻省理工學院教授、前物理系主任，
　麻省理工學院首位研究所社區和權益官。

反質子的發現

　　我的指導老師賽格瑞教授在 1955 年發現了反質子（antiproton）[8]，並於 1959 年獲得諾貝爾物理學獎。他的動機是什麼？就是因為愛因斯坦質能互換的方程式，能量的平方是質量的平方，給它兩邊取平方根，這個能量可以是正（或）負質量，正能量的肯定知道是質子，那負能量的會是什麼呢？

　　早在 1936 年，費米教授在芝加哥大學講課的時候，就在黑板上寫下了這個東西，學生馬上就問他：「這個負能量的是什麼意思？」

　　費米說：「負能量的就是反粒子。假如正能量的是電子，這個負能量的就是正電子；同樣，假如這個正的是質子，那這個負的就是反質子。」

　　馬上就有兩個學生衝出了教室，開始放裝有乳劑和磁場儀器的氣球，帶著他們的儀器去找正電子了。其中一個在儀器上加了一片鉛片，（事後證明具有決定粒子方向的重要作用，也決定了這個反應是伽馬射線。從上面打中靶，產生正負電子。而不是有一個負電子從下面

---

8. 反質子是質子的反粒子，質量及自旋與質子相同，但電荷及磁矩則與質子相反，帶有與電子相同的負電荷。保羅‧狄拉克在他的 1933 年諾貝爾物理學獎演講中，預言反質子的存在。1955 年，加州柏克萊大學的物理學家埃米利奧‧賽格瑞和歐文‧張伯倫透過粒子加速器發現反粒子，並於 1959 年獲得諾貝爾物理學獎。

打中靶，而反彈回來），所以正電子找到了。

賽格瑞教授在當時就想找反質子了。

反質子是怎麼產生的呢？

用質子去打一個靶，就產生了質子。質子跟反質子一定要同時產生，所以加州柏克萊大學就建了一個質子加速器，專門來找反質子。

建造質子加速器的那個組第一個優先去找反質子，找了一年沒找到，於是他們發表論文，說沒有反質子這回事。

他們沒有想到這個反質子的背景雜訊非常大，背景就是正負 π 介子，π 介子的質量比質子輕了 7 倍，所以它產生的背景比信號大了一萬倍，所以找了一年也沒找到。

賽格瑞教授不相信沒有反質子，他相信有，於是就自己去找反質子。但他不是盲目地去找，他首先分析了之前尋找者失敗的原因，並且重新調整研究和發現的基本思路與方法。換句話說，賽格瑞教授的這次研究，是一次全新的開始。

首先，他用磁場測量了所有帶電粒子的動量。

動量就是質量乘上速度，然後就用切倫科夫感測器去量這個速度。動量（$\vec{p}$）和速度（$\vec{v}$）決定質量（m）：$m = p/v$。

把反質子和 π 介子分開，背景去掉之後，他就找到了反質子。所以這個切倫科夫衝擊波感測器是非常重要的一個儀器。後來我也是用類似的方法找到 J 粒子。所以反質子產生的衝擊波的角度（$\theta = \cos^{-1}\frac{c}{nv}$）等於光速（$c$）除以折射係數（$n$）和感測器所感受到粒子的速度（$v$）的乘積對應餘弦的角度。

那麼不同的速度就會有不同的角度，就會分開是質子還是介子，是信號還是背景。

賽格瑞教授按照全新的設計方案進行實驗，透過粒子加速器，最終發現了這種反粒子。

我和中國電子科技大學的段兆雲教授[9]正在做這個反向衝擊波的研究和實驗。

　　普通的衝擊波是向前的，所以發射的粒子跟波都是向前的。有的時候要把它們分開是很困難的，粒子自己會產生背景，干擾偵察器。段教授這個反向的切倫科夫輻射短波是往後走的，而粒子則是往前走的，自然可以很容易將它們分開，以達到減低背景的功效。因為這是人造物質，所以可以控制折射係數，使它變成很大的負數，也可以增加輻射的能量，和縮短光波的波長。由於以上這些特性，我們也想用它來做極紫外光的光刻機（Extreme ultraviolet lithography）。

---

9. 段兆雲：教授、博士生導師，中國電子科學與工程學院副院長，英國工程技術學會（IET）院士，中國四川省學術和技術帶頭人，中國材料研究學會超材料分會常任理事，四川省電子學會真空電子學專業委員會委員。目前主要從事高功率微波／毫米波／太赫茲源、超材料真空電子學等科研工作。

量子電動力學的證明

　　學電子科學的人都明白，電子科學中最尖端、最重要的理論就是量子電動力學。1967 年，我去史丹佛大學聽演講。康乃爾和史丹佛兩所知名大學同時發表了他們各自實驗的結果，內容都顯示：實驗結果除理論預測不完全等於 1（實驗值 ÷ 理論值 ≒ 1）。這個實驗在動量傳遞（momentum transfer）很小的時候是等於 1 的，動量傳遞越大，其結果越來越不等於 1，最後實驗的結果，竟然比理論預測大了兩倍。根據測不準原理，交互作用距離與動量傳遞成反比。從這個實驗結果可以得知，電磁學在很小的尺度下是不對的，各位學的東西全錯了。這是一個驚天動地的結論。

　　這兩位代表的演講結束以後，接著一位年輕高大的中國物理學家上台演講，這位講者就是丁肇中教授。他做的實驗是：實驗結果 ÷ 理論預測，簡直就是等於 1 的一條直線，與動量傳遞或者交互作用距離無關。

　　他宣布的實驗結果表明，康乃爾和史丹佛大學的實驗結論都做錯了，這兩所大學的演講者馬上要收回他們的論文。大會主持人說所有文章已送到大會中心，一概不准退回，要一起發表。

　　自那之後，丁肇中就證明量子電動力學可以精準到 10^{-14} 釐米。現在已經可以精確到 10^{-18} 釐米，所以量子電動力學是很精準的，大家無

需擔心。

　　根據這三個實驗的對比，大家可以明白這樣一個道理：假如沒有深度瞭解你的儀器性能，而作了錯誤的資料分析，就會得到錯誤的結論，這是很可怕的。

　　我再給各位講一個故事。

　　我的另一位導師歐文‧張伯倫教授（Owen Chamberlain）[10] 曾給我講過李政道教授的一個經歷。當年李政道從芝加哥大學畢業後，來到加州柏克萊大學當研究員。一年後，他跑來跟張伯倫教授說：「不得了了，我花了一年時間要證明一個 π 介子是向量粒子，可是，我用了導師費米教授的一個公式。」他很沮喪地說：「完了，我這個物理生涯就到此結束了。」

　　李政道曾經是費米教授的博士生，費米教授的一個公式錯了一個負號。費米教授自己用這個的公式時，把它平方了，所以對結果沒有影響。但李政道用這個的公式時是開平方的，因為錯了個負號，所以結果也是錯的，但他又不能去怪費米教授。因為錯了個負號，耽誤了整整一年的時間。做了一年的研究，最終實驗結果卻是錯的！可見，用錯公式，哪怕是用錯符號，它的後果都是很嚴重。當然，你不能因此回頭去怪導師，應該仔細檢查自己的研究過程。

　　這件事發生後，李政道並沒有因此結束他的物理生涯。他是一個聰明絕頂的物理學家，他不斷總結教訓，與楊振寧一起注意到相同質量、電荷和自旋的 θ 和 τ 兩種粒子，然而 θ 衰變時產生兩個 π 介子，τ 衰變時產生 3 個 π 介子，奇數個 π 介子的總宇稱是負的，而偶數個 π 介子的總宇稱是正的。

10. 歐文‧張伯倫（Owen Chamberlain，1921~2006），美國著名物理學家，加州柏克萊大學教授。1959 年，他與賽格瑞（Emilio Segrè）共同獲得諾貝爾物理學獎。

宇稱意味著我們的世界和通過一面鏡子觀察到的世界遵守同樣的物理定律。問題糾結所在是：它們是否是不同的粒子，所以宇稱仍有效？還是它們是同一粒子衰變到以不同宇稱呈現的最終狀態，從而導致宇稱不守恆？

　　李政道和他的同事、我的大師姐吳健雄探討了這個問題，後來吳健雄在他的指導下，證明在弱作用力中宇稱的破缺，終於取得傑出的成就。李政道與楊振寧在 1957 年一起獲得諾貝爾物理學獎。

　　θ 和 τ 是同一個粒子，現在稱為 k^0，而中性的 K 介子，則是 K_L 和 K_S 的混合物。

▶▶ *3-4*

J粒子的發現

　　接下來介紹我跟丁肇中教授發現 J 粒子的過程。從 1969 到 1971 年，我跟丁肇中一起在德國的電子加速器工作，研究三種跟核與電磁作用的重光子。中性的光子怎麼跟核子作用呢？比如，一個中性的光怎麼跟中性的中子作用呢？

　　光子如何跟核子作用，首先要把光子變成重光子，重光子跟光子是一樣的粒子，但是它們有很大的質量及核作用，我們那個時候就已經找到了三種重光子（rho ρ, omega ω, *phi* Φ）。這三種重光子很可能就是三種夸克跟反夸克的一種束縛態，可是各種可以測量的物理資料，像質量、偶合常數、衰變速度等，夸克理論跟實驗並不匹配。

　　發明夸克模型的人是加州理工學院的默里・蓋爾曼（Murray Gell-Mann）[11]。1970 年，蓋爾曼來麻省理工學院演講的時候，他的結論就是，夸克只是一個數學工具，很可能跟現實沒有什麼關係。因為夸克理論跟實驗都是有的時候符合，有的時候不符合，有的時候大 30%，有的時候小 30%，所以不是很精確的。

---

11. 默里・蓋爾曼（Murray Gell-Mann，1929~2019），美國物理學家、美國國家科學院院士，於 1969 年獲諾貝爾物理學獎。蓋爾曼除數理類的學科外，對考古學、動物分類學、語言學等學科也非常精通，是一個百科全書式的學者，也是二十世紀後期學術界少見的通才。

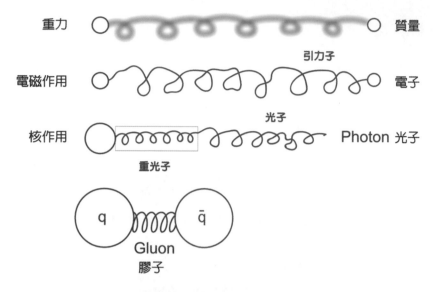

四種作用力的媒介子圖

　　上圖有各色各樣的媒介子，重力場裡有沒有質量的引力子，電磁場作用裡媒介子有沒有質量的光子，在弱作用裡有很大的質量的弱介子，當光子（質量 =0 的向量媒介子）跟（尤其是中性的）原子核作用的時候，就要經過，借用當時已知的三種 quark: u–$\bar{u}$、d–$\bar{d}$、s–$\bar{s}$ 構成的重光子（質量很大，有強作用力的向量媒介子），即：ρ, ω, Φ 介子為媒介物。那個時候的夸克模型尚未確定，因為夸克模型理論不能精確複製實驗資料。

　　我們在 1974 年出其意外地找到了這個壽命很長、質量很大的 J 粒子，後來被證實就是第四種重光子。這個 J 粒子在粒子物理領域非常重要，就跟氫原子的光譜在原子物理的重要性是一樣的。我們為什麼相信玻爾的原子模型（原子有個原子核，外面是電子）呢？

因為這個模型極其精確地解釋了氫原子的光譜。這就是只有一個質子和一個電子所構成結構簡單的氫原子的重要性。假如世界上沒有結構簡單的氫原子，而最輕的原子是結構複雜的鐵原子的話，就發現不了原子模型。因為這個有 26 個電子的鐵原子的光譜太過混亂，根本分析不出規則。

在電磁物理領域，氫原子是最輕、最簡單的。在核子物理領域，核作用力像彈簧一樣，距離越大作用力就越大。這 3 個 u、d、s 夸克是很輕的。根據測不準定律、很輕的夸克之間的相互作用力太強了，所以沒有辦法計算，因為用泰勒級數（Taylor series）[12]展開的理論計算結果是發散的，這就是夸克理論跟實驗沒有辦法比較的原因。

核作用力是能量越高、距離越近的時候，它的作用力越小，所以 J 粒子之所以重要，是因為它的質量很大。它的兩個魅夸克之間的距離很近，作用常數就很小。作用常數很小時就跟氫原子一樣，就能用泰勒級數展開的理論，精確計算 J 粒了家族的各種特性，並由此建立了量子色動力學，在核作用力相互作用的地位。所以 J 粒子是原子物理裡的氫原子，這就是它為什麼重要的原因。

我第一次見到丁肇中博士是 1967 年在史丹佛大學的高能物理學會舉辦的國際電子光子會議（Electron and Photon International Conference）上。當時我在加州柏克萊大學攻讀博士，即將完成博士論文，特地來參加會議。而丁肇中是那次會議的主講者之一。

開會前，我在《物理學快報》上看到一則消息：康乃爾大學研究組的報告宣稱，物理上最基本的量子電動力學（Quantum

---

12. 泰勒級數是以英國數學家布魯克‧泰勒（Brook Taylor）命名的，他於 1715 年發表了泰勒公式，用無限項連加式——級數來表示一個函數，這些相加的項由函數在某一點的導數求得。

Electrodynamics，簡稱 QED）已被推翻。這對科學界的震撼和影響非常之大，比李政道和楊振寧推翻弱作用力（Weak Interaction) 中的對等性定律（Parity Violatio）的影響更驚人。因為量子電動力學是最基本的科學，是電動力學的一種，符合相對論的量子領域理論。

量子電動力學用數學描述所有光與電的交互作用，及帶電粒子間通過光子或電子交換的交互作用現象。量子電動力學被稱作「物理學的瑰寶」，因為它能非常精確地預測所有低能量或大距離的現象。有如電子與 μ 輕子（Muon）的異性磁矩（Magnetic moment）的大小及氫原子能級的藍姆位移（Lamb Shift）。

量子電動力學是理查・費曼（Richard P. Feynman）、施溫格（Julian Seymour Schwinger）和日本科學家朝永振一郎[13]（Sin-Itiro Tomonaga）研究出來的理論。由於他們研究量子電動力學的貢獻，於 1965 年共同獲得諾貝爾獎。如果他們的量子電動力學被推翻，那在高能物理領域就幾乎不存在理論物理了。

所以我饒有興趣地參加了這次大會。在大會上，美國東西兩所名校史丹佛和康乃爾的研究實驗皆證實量子電動力學被推翻之後，整個大會廳頓時變得異常嘈雜，大家議論紛紛，很熱鬧。

緊接下來的演講者居然是一位華裔教授！在當時，丁肇中（Samuel Chao Chung Ting）這個名字幾乎沒有人知道。他身材高大魁梧，眼睛炯炯有神。他一上臺，目光掃視全場，會場漸漸安靜了下來。他開始不疾不徐地說話，句句鏗鏘有力，將他的小組的實驗結果一一列舉，一步一步地證實，他們的實驗結果與量子力學的結果預測完全符合。而且實驗結果比史丹佛和康乃爾兩所大學的實驗結果都要精確。也就是

---

13. 朝永振一郎（ともなが しんいちろう，1906~1979），日本理論物理學家，量子電動力學的奠基人之一。他也因為這項貢獻與美國物理學家理察·費曼及朱利安·施溫格共同獲得 1965 年的諾貝爾物理學獎。

說，他證明了前兩所大學的實驗都是錯誤的！

丁肇中演講一結束，立即引起全場再一次騷動。大家對這位華裔科學家的研究佩服萬分。日後丁肇中經常說：「會議後，史丹佛小組想要撤回他們推翻量子電動力學實驗證據的論文，但被會議主席拒絕了，因為學會嚴格規定，凡是已經提交的論文，一概不准撤回。」

我費了九牛二虎之力，才得到丁肇中的演講報告，帶回柏克萊大學。在接下來的幾天裡，我都抽出時間在校園裡細心研讀，仔細思索，為什麼丁肇中的實驗既精確又可靠呢？我逐漸悟出一個道理，丁肇中實驗用的一套儀器，是水平雙臂質譜儀。這套儀器運作簡單，信號強，背景弱，與其他兩所學校的儀器相比，確實有很多優點。但我也發現這個儀器有些地方還可加以改進，這奠定了我日後設計儀器以發現 J 粒子的基本構想。於是我寫信給丁肇中，表示對他的崇敬，並表示願意加入小組，共同合作。

丁肇中遂約我在史丹佛大學會面，這是我們第二次見面。這次他帶來一位德國學生貝克（Utrich Becker）。

他們倆問我：「你對我們的將來會有什麼貢獻？」

我回答：「你們所用的儀器固然非常優秀，但是有缺點，我有信心能夠設計出一套更精準的儀器。」

顯然我自信的回答成功地說服了他們。當時急於趕回德國漢堡實驗室的丁肇中當場表示，很高興與我合作，希望我參與他們的研究工作。就這樣，1968 年底，我完成加州柏克萊大學的博士論文答辯和考試，並獲得博士學位之後，我和妻子世善帶著剛出生三個月的欣宇，便動身途經紐約趕往漢堡實驗室。

不料德國對持中華民國護照者辦理簽證的進度極端緩慢，儘管麻省理工學院出具了書面證明書，漢堡實驗室也出具了邀請函，可是德國仍遲遲不發簽證給我。我在紐約足足等了一個月，又在英國劍橋大

學等了幾個星期後，才得到德國大使館的簽證通知。我從溫暖的加州到冰天雪地的英國，凍得渾身發抖，記得當時我很無奈地買了平生第一件羊毛大衣。在劍橋大學時，我在柏克萊大學的老同學丘君盛情款待我們。那時英國劍橋大學的宿舍內沒有暖氣，只有一個小電爐，我蓋了六床毛毯還是凍得發抖。

終於可以飛德國了！美國物理學家比爾（William Bertram）親自來機場接我，並安排我們一家住在德國電子同步加速器實驗室裡的招待所（Deutche Electronen Synchrotron，簡稱 DESY）。比爾是丁肇中實驗室的第二負責人。他大概三十歲左右，身材高瘦，褐髮褐眼，眼睛閃閃發亮，皮膚蒼白，聲音柔和，充滿幽默感，散發智慧之光。他菸癮很大，不時抽著煙斗。接下來的幾天裡，比爾專程駕著一輛法國雪鐵龍雙馬車（CITROEN Deux Chevaux，法語意雙馬）接待我們。這輛法國洋鐵皮汽車有極軟的彈簧、帆布天窗，由薄薄的洋鐵皮製成，帆布椅子由簡單的金屬管架固定在車板上。這是我有生以來第一次看到如此獨一無二的汽車，真像坐馬車似的。

比爾駕駛著這輛別緻的汽車帶我們全家參觀漢堡各處的景點，飽覽了植物園和花園（Planten Und Blomen）的奇花異草，對漢堡庭園藝術化的燈光設計讚不絕口。五顏六色的噴泉配合古典音樂飛旋舞蹈，當時在電子操縱器發明之前，能有如此精確的機械操控，實在令人佩服。漢堡是德國最大的港口，二次世界大戰期間被聯軍轟炸，整個城市變成一個大火爐，大多數街道的柏油燃燒，使得漢堡處處斷壁殘垣，到處可見戰爭的傷痕。我們實驗室的外面即是一大片的廢墟。

我們的招待所是一棟五層樓的建築，正式的名稱為居住機（Wohnetron）。作為加速器（tron）預算與財政的一部分，這樣的「招待所」更容易得到政府的批准與資助。公寓麻雀雖小，五臟俱全，一切陳設設計精緻，每一種家具都可以做多種用途，居家相當舒適。庭院

四周花木扶疏，有蓊蓊鬱鬱的樹林和闊大的草坪，還有魚池及小溪流水。從公寓僅僅幾分鐘即可走到辦公室、自助餐廳和同步加速器實驗室。

當時我的月薪大約是七百美元，比我妻子在加州帝國醫院當助理統計員的薪水還要低許多，但是可豁免美國的所得稅，加上當時一塊美元可兌換五個馬克或者瑞士法郎（現在一塊美元兌換不到一塊瑞士法郎），所以我們在德國的生活過得還頗為寬裕。抵達漢堡不久，我就買了一輛德國製的嬰兒車，設計精巧、輕便又具多種功能，既可當嬰兒車，又可買菜用。我的太太世善經常推著兒子欣宇在附近露天市場買菜。有一天，我們一家三口走到實驗室大門的時候，突然一輛賓士S280停在我們旁邊。丁肇中教授從車裡出來，顯然是剛從國外回來。他看見我兒子，既羨慕又妒嫉。據說，他一直渴望有個男孩傳宗接代，卻未能如願。

他當時說：「好物理學家生不出兒子！」半是開玩笑，半是無奈的自嘲。丁肇中的妻子凱·路易絲·庫恩尼（Kay Luise Kuhne）是美國人，性格非常溫柔親切，她很支援長期在外工作的丁教授，放棄了自己的建築師事業。他們育有兩個像洋娃娃一樣美麗可愛的女兒：珍妮和艾美。

儘管我和丁肇中都來自臺灣，擁有共同的母語，然而，丁教授只說英語，他從未對我說過中國話。他的父親是著名的土木工程學家丁觀海，和妻子王雋英在美國進行學術訪問時，生下了丁肇中。他出生後不久就隨父母回到中國，卻遇上中國戰亂，十二歲時隨父親到了臺灣。我們都是就讀臺北的建國中學，他是我的學長。畢業後，丁肇中想報考他父親任教的臺灣大學。大學聯考放榜時，他和同學一起在收音機前聽結果，當他得知沒考上第一志願臺灣大學時，以拳頭猛擊桌子，差點把收音機打翻了。同學大為吃驚，沒料到他的反應竟會如此

激烈。他考中臺灣省立工學院機械工程系，也就是現在的臺南成功大學。在成功大學讀完一年級後，他就懷揣一百美金回到出生地美國，在密西根大學繼續讀大學與研究生，獲得數學和物理學碩士學位，又在密西根大學物理研究所獲得博士學位。

我們組裡包括合作項目，全部師生總共十二位：阿爾文斯萊本（H. Alvensleben）、貝克（U. Becker）、威廉·貝特拉姆（William K. Bertram）、柯恩（K. Cohen）、納賽爾（T.M. Knasel）、馬歇爾（R. Marshal）、昆因（D.J. Quinn）、羅德（M. Rohde）、桑德斯（G.H. Sanders）、丁教授和我。

柯恩比我早幾個月加入研究組，負責向量媒介子生產強子的實驗資料分析。有一天，他手上拿著一份六寸厚的電腦列印程式，向我訴說他最近情緒低落，因為他已經找了好幾個禮拜，卻怎麼也找不到錯誤在哪裡。

我問了他幾個問題，瞭解程式結構以後，用幾分鐘就精確找到「錯誤」。在動量傳遞（momentum transfer）定義錯了一個符號，這樣程式立即可以再操作。

柯恩驚訝極了，他跟大家布宣布這個「奇蹟」。從此之後，大家即稱我為「福爾摩斯偵探」，也都公認海底撈針是我的拿手絕活。

每次丁教授從國外旅行回來後都會立即召開小組會議，還嚴厲地批評大家的工作，特別是針對第二負責人比爾的職責及其研究，毫不含糊地顯示他才是真正的頂頭上司。面對如此嚴厲的攻擊和嘲諷，比爾總是有風度地保持微笑，淡定地吸著煙斗，溫和的性格和幽默感依然一絲不變。至少從未表示出半點不滿或者焦慮不安。

我們在 DESY 實驗室的控制系統和控制室皆井然有序、組織緊密。每一條電線的兩個末端都清楚標上它的作用，電子設備亦如此。控制區域裡嚴禁食物和飲料。各個極小的細節都要求非常嚴格，譬如規定在資料本做記錄時，應該如何寫 1 和 7，以避免誤會。尤其規定如

何避免在德國和非德國物理學家之間的溝通不暢。為了當機立斷、及時處理剛剛收集到的實驗資料，組裡買了一個簡單卻笨重、在當時比較先進的算術計算器，花費一萬美元（幾年後減少到一百元美元，到目前大概十塊美元的計算器都比它好）。凡事都經過仔細周密的計畫和專心策劃，以達到預期的研究目標。

在如此高度嚴格控制的環境下，我們研究一系列向量媒介子的特性，包括它們與光子的耦合常數（Coupling constant）以及它們互相之間的干擾角度。大家一致認為比爾是組裡最聰明、經驗最豐富、技術最熟練的，他負責資料收集系統及每天的操作和三組輪班名單的排定，儘管工作繁重，他始終親切溫和有耐心地對待組裡的研究員們。

尋找科學上的新發現，全世界的競爭十分激烈。相似的實驗在英國、康乃爾和史丹佛線性加速器（Stanford Linear Accelerator Collider，簡稱 SLAC）也同時進行。丁教授常說：「在高能物理領域裡，沒有亞軍。」並以此為座右銘。意思是只准成功，不准失敗。我們的每項研究計畫必須由兩位物理學家分開、並同時獨立進行，然後整個小組來對照比較結果，過程幾乎與法庭上的盤問相似。誠然，這劇烈的競爭也加諸在每個物理學家身上，大家都有無法形容的巨大壓力。

針對信號對噪音的比率，我提議改變目標靶，從碳改變為鈹，使信號對噪音的比率增加二倍，這一改進，明顯增進了資料的準確性。丁肇中非常認同我對實驗組的貢獻。他屢次向我承諾：「只要你努力工作，一定會得到獎勵。只要你努力工作，不用自我宣傳，我一定大力地幫你宣傳。你一定要相信我，我幫你宣傳比你自己宣傳更有效……」如是云云。

有一次，我去英國戴倫斯堡（Darensburg）開會，準備公布向量媒介子研究的結果。英國科學家彼得‧威爾‧希格斯（Peter Ware Higgs）是我的競爭對手，他前來機場接機，開會那幾天亦來旅館接我。當時

德國的 DESY 和英國的戴倫斯堡實驗室之間的競爭異常劇烈。會議上，我們的兩套資料有偏差，討論時，我指出偏差歸因於彼得的分析方法：當質量為 m 的實驗數據 n(m)，若依卡方統計（Chi Square）假定高斯分佈（Gaussian distribution）的誤差為 $\sqrt{n(m)}$，因而低估了誤差，過度重用低數據的實驗資料，會使得分析有誤。故當數據很小的時候，不能用卡方統計，而應改用如我的分析所做的，用最大可能率方法（Maximum Likelihood Method）進行分析，這是統計學上的基本法則。所以兩個實驗的結果不一樣，主要原因是用了不同的分析方法。

雙方競爭最後達到高潮是在會議的最後一天，適逢世界足球冠軍比賽，英國和德國進入決賽，爭奪冠軍獎盃。會議大廳裡有個大型電視螢幕，雙方與會者一起喝著啤酒，大聲歡呼。上半場結束時，英國 3：0 領先。下半場，英國隊改變了策略，打法趨於保守，從攻轉守。不料德國隊鬥志昂揚，陸續攻入了三個球，並保持場上的主動權。在最後幾秒鐘，德國隊隊長穆勒（Meuller）突破幾個英國隊員的圍守，頭球入網，4：3！德國擊敗英國，贏得世界冠軍。DESY 的科學家們，包括我，都欣喜若狂。此次會議像是個好預兆，似乎預示我們在德國的科學實驗資料同樣會贏過英國。

小組的夥伴們日以繼夜地不斷努力研究，每週七天，每天三班制，認真收集並分析實驗資料，因此每次都能搶先發表更好、更準確的論文，遙遙領先其他競爭對手。我們運用向量媒介子優勢模型理論研究一系列向量媒介子的特性，意謂著光子與質子等強作用物質作用時，必先轉換為強子向量媒介子——這是麻省理工學院物理系系主任維克托・弗雷德里克・魏斯科普夫（Victor Frederick Weisskopf）[14] 教授最先提出的重要理論。在維克托的支持下，丁肇中博士快速地晉升為麻省理工學院物理系正教授。

在 DESY 工作幾個月後，我從同事口中聽到一個陰謀「政變」涉

及到丁肇中。那件政變發生在 1966 ～ 1967 年，比爾最先告訴我事件的真相。實驗建立 QED 向量媒介子的水平雙臂質譜儀，其實是由德國物理學家約思博士（Dr. Peter Joos）首先設計的。他使用高能光子打中碳靶，生產一對電子正電子的實驗專案被批准，在 DESY 測試 QED。丁肇中當時在哥倫比亞大學做博士後，後來他申請加入 DESY 約思的實驗組。幾個月後，丁肇中利用約思申請到的實驗專案去申請研究經費，獲得美國能源部的資助經費。他卻蓄意保密，不讓約思知道。他同時與比爾和幾位年輕的物理學家密謀奪取約思的位子，不久成功地驅逐了約思博士。之後，丁肇中順利謀取實驗組的領導位子。

比爾告訴我這件陰謀時，他的面孔都扭曲了，充滿痛苦和悲傷，平時閃閃發光的眼睛變得呆滯、空洞而無神，陷入沉思中，煙斗熄滅好一陣子了，他才記得敲掉煙灰。他自言自語，為曾經扮演劇中的不光彩角色而深感懊悔，若有所思地補充道：「有個人要寫一本關於這場陰謀的書，雖然不會用牽涉的物理學家的真正名字，但卻仔細描述了那個時期小組成員的特徵以及這起陰謀的詳情。」

那時我毫無覺察，直到許多年後回想起來，猜想比爾說的那個人或許是他自己，因為他是唯一瞭解全盤細節的人。我也不知道他後來是否完成了這樣一本記錄科學界內幕的書。

丁肇中教授也曾不只一次對貝克、比爾和我，詳細描述此次「政變」，當然是從另外一個角度來描述的。他自豪地說，約思曾經找他詢問研究經費，但他拒絕對約思透露任何資訊。丁肇中瞧不起約思，稱他為「農夫」。他得意洋洋地敘述他的戰術——如何祕密召集研究組會議、如何故意不通知約思參加，逐漸成功地把約斯與組員隔絕，最後

14. 維克托·弗雷德里克·魏斯科普夫（Victor Frederick Weisskopf，1908~2002），生於奧地利，美國猶太裔理論物理學家。魏斯科普夫對量子論的發展，尤其是量子電動力學領域，有重大貢獻。戰後他加入麻省理工物理系，最終成為系主任。

迫使他離開。他還給我們講他本人又是如何贏得一些年輕物理學家的愛戴和擁護。他對他們承諾，只要研究結果好，即可很快完成論文，他還會協助他們找到一份好工作。幾年後，丁肇中仍然以嘲笑的口吻對貝克說：「要是你沒跟我，恐怕你的論文還沒被批准啊！」

1979 年，兩位曾在 DESY 工作的年輕義大利物理學家，布拉達斯基亞（C. Bradaschia）與吉羅米尼（P. Giromini）聽說此事後，決定寫一篇文章，揭發此「陰謀詭計」。丁肇中教授馬上連絡義大利赫赫有名的物理學家喬治‧貝萊蒂尼（Giorgio Bellettini），要求他警告布拉達斯基亞和吉羅米尼，如果他們還想在義大利科學界混的話，必須立即取消寫那篇文章的念頭。當時是弗拉斯卡地（Frascati）國家實驗室所長的貝萊蒂尼，毫不猶豫地答應丁教授，全力阻止對此「陰謀詭計」的披露。這是因為 1974 年 11 月 10 日，丁肇中教授通知貝萊蒂尼，我們率先發現的 J 粒子的確切位置在哪裡，憑著這一資訊，弗拉斯卡地實驗室在三天之內，冒險地提高能量，也發現了 J 粒子。他們因此在 J 粒子的研究領域排名世界第三，他們的發現結果得以與麻省理工學院（MIT-BNL）和史丹佛 SLAC 小組一起在物理學會最有名氣的雜誌《物理評論快報》[15] 發表。在全世界高能物理研究實驗的競爭中，弗拉斯卡地實驗室因此奪得銅獎。丁教授投之以木瓜，貝萊蒂尼報之以瓊琚，所以貝萊蒂尼感恩圖報。布拉達斯基亞與吉羅米尼的揭露文章，最終沒能問世。

1970 年，通過比爾的引見，我懷著莫大的興趣拜訪了約思博士。我從他那裡得到第一手的經驗，學會光譜儀的設計，以達到更高的解

---

15. 《物理評論快報》（*Physical Review Letters*）：世界物理學界聲譽卓著的物理學期刊期刊，自 1958 年起開始由美國物理學會出版，主要發表重要的物理研究成果。

析度和更低的背景噪音。跟他相見時，我敏銳地察覺到，當他停止談論他的設計時，熱情就從他的聲音裡消失了，他閃亮的目光立即變得黯淡無光。在他昏暗的辦公室，他的聲音模模糊糊，如同低沉的回音，聽起來如同哈姆雷特那個被謀殺的父王鬼魂一般。他一再重複道：「科學家應該是可信的……科學家應該可信的……」這聲音也讓我聯想到魯迅筆下那個「只有那眼珠間的轉動，還可以表示她是個活物」的、絕望失神的祥林嫂。顯然，他已經失去對物理的熱誠，也失去了對科學家的信任。更令人感歎的是，他也失去了對生命的熱情。無可否認，那次「奪權計謀」，在他的內心烙下不可磨滅的印記。想起約思博士的時候，我的心裡便會想起他那連續發出的「科學家應該是可信的……」的嘆息，不禁也是一聲歎息。

一年以後，我改良約思博士的設計，發明新的垂直雙臂質譜儀。憑著這個精準的儀器，1974 年，我終於在紐約長島（Long Island）布魯克海文國家實驗室（Brookhaven National Laboratory，簡稱 BNL）發現了 J 粒子；發現的過程，我在後面還會談到。

丁肇中曾在哥倫比亞大學里昂・列德曼（Leon Lederman）[16] 教授小組做博士後研究，後來離開，加入約思在德國 DESY 的實驗室小組。他自豪地告訴我們說，離開前，他與列德曼教授打賭十塊美金，他一年之內必定會有重要的物理研究結果。當然，他的 QED 論文發表之後，他贏得的遠不止十塊美金。他幾乎一夜之間讓 DESY 成為科學世界地圖上的標竿。這表面上區區十美金的賭注，顯露的卻是丁肇中豪氣勃發的雄心，當然，也許他早就規劃未來他在約思組裡即將扮演不

---

16. Leon Lederman（1922~2018），美國物理學家，從哥倫比亞大學物理系畢業後留校任教。1979~1989 年曾任費米國家加速器實驗室主任，並主持設計超導超級對撞機建造計畫。因「微中子束方法及通過發現 μ 微中子驗證輕子的二重態結構」而獲得 1988 年度諾貝爾物理學獎。

同凡響的角色。

在漢堡的兩年間，丁肇中舉辦過兩次組裡成員和家庭的旅遊。第一次是去易北河（Elbe）口的一個小小海島哈格蘭（Hagerland）乘船旅遊。海上突然浮起一塊巨大、壯觀而又堅實的紅色岩石，在第二次世界大戰期間，哈格蘭是德國潛艇 U 艇（U-boat）的基地，走遍此海島，要花上半天的時間。哈格蘭使我想起舊金山灣的天使島，但這裡的峭壁更加陡峭，波浪拍擊在岩石掀起的波浪更高。

第二次旅行是在東德和西德邊界的赫茲山，我在這裡體驗了人生第一次滑雪。我沿著籬笆滑行在東西德的邊境，東邊的山坡上幾乎不見人影，而西邊則擠滿了上百位滑雪者，兩邊形成了強烈的對比，這種景象令人感慨。

我由衷地感謝丁肇中教授為小組裡的科學家們安排如此愜意的旅遊。那時的我，享受著與同事們共遊的美好時光，根本無從預料日後會發生的事情。我也一直把丁教授看作我的榜樣，他處理任何事情都井井有條，是一位超級主管。我對比爾本人的見聞，居然從沒用心想一想：發生在比爾和約思博士的事情，是否也可能一次又一次地發生在其他人身上，包括我自己在內。

在復活節和耶誕節間，DESY 放了長假，我帶家人去歐洲其他的國家旅行，我們沿著萊茵河航遊，遊覽壯麗的中古世紀城堡，在維也納聽悲劇北歐神話——華格納（Richard Wagner）的「萊茵河的指環（Das Rheingold）」，以及貝多芬的交響樂，在慕尼克的黑森林地區品嘗新鮮啤酒，參觀羅馬和徐志摩筆下的翡冷翠。以後有機會我將談論這些難忘的旅遊。

我在這裡還要談談有關比爾的故事。

比爾當然買得起遠比洋鐵皮製造的「雙馬」汽車豪華的車，比如賓士，但是比爾沒有這麼做，他之所以要保留他的洋鐵皮汽車其實是想要顯示他反正統的立場、反名流的態度。他要保持獨立自主，也想表示他跟丁肇中截然不同的風格。

有一天，比爾帶幾個組裡的同事去城裡喝咖啡。他把雙馬停在斜坡上，正在喝咖啡的時候突然聽見有人驚呼，大家抬頭望去，就見比爾的雙馬正慢慢地滑下斜坡，最後撞上停在斜坡下的一輛賓士，才停了下來。賓士毫髮無損，雙馬立時支離破碎。幾天後，柯恩以此打了一個比方，比爾是雙馬，丁肇中是賓士。那天的撞擊，又似乎預言了比爾幾個月後的命運。

我們組裡很多人都喜歡去逛附近的魚市，丁教授尤甚喜之。星期日天亮前，魚市的人熙熙攘攘，有穿著晚禮服的貴婦，有西裝筆挺的男士。大多人經過一夜舞會狂歡，帶著濃濃的醉意，在魚市場東張西望。其中最精采的是一個賣鰻魚乾的人，他站著邊吆喝，手上邊拿著上等的鰻魚在人群前面搖晃，然後快速丟進一個大袋子。他當著顧客的面一再重複，好像往袋子裡放了很多鰻魚乾，然後他作上標記，分成五馬克一袋或者十個馬克一袋，就這樣子賣。你一定以為他放了許多魚到袋裡，待你付了錢，轉身離去，再打開袋子一看，方才發覺裡面其實只有一兩隻乾鰻魚。然而，他手法神奇絕妙、技巧高超，顧客雖然上了當，卻極少怪罪於他。丁肇中似乎也極為欣賞此號重視表演甚於實質的人物，以英文「Showmanship（表演技巧）」這個字來形容，是再恰當貼切不過了。

在接下來的日子裡，比爾變得愈來愈玩世不恭，而他說的話卻愈來愈富有哲理。他開始蔑視權力、功名利祿，甚至蔑視文化和學術研究的價值（包括科學）。有一天，比爾告訴我，他喜歡在魚市和易北河附近，坐在街道旁，面對一個惡名遠播的性色情中心，一邊啜飲

咖啡，一邊對妓女的活動統計分析。他為一名年輕貌美的女孩起名叫「快車（quickie）」，因為她每個晚上接客時間的間隔平均少於五分鐘。我真的為之震撼，但又半信半疑，心想，像比爾這樣高水準的科學家怎麼會把寶貴的時間耗在這種事上呢？但我盡量克制自己不去發表對他的批評和議論，我認為比爾比我資深，比我更有經驗，我更不應該干涉他的私事。比爾注意到我的默然無對，就接著說：「娼妓賣春在德國是完全合法的。它不是最壞的行業，因為各方面都要遵守嚴格的規則，有如同運動員的精神。」

我對他當時的想法似懂非懂，他言下之意似乎是在把妓女行業跟自己的科學研究領域作比較。在比爾的心目中，原本應是公平的科學領域，存在著欺世盜名的剽竊、暗中的爭名奪利。而大多數的科學家都太善良了，在那些玩弄權術和追逐名利的人的股掌之下，他們簡直就像一群待宰的羔羊。

其實那時，我少不更事。在這事件過去的幾個月、幾年乃至幾十年以後，我逐漸體會到比爾這番話中蘊含的深意。

實驗室有位年輕的物理博士生加里・桑德斯（Gary Sanders），買了一輛酷得不得了的賓士500紅色跑車。一天淩晨，我正在辦公室伏案工作，突然聽到汽車緊急煞車的聲音，隨後聽見砰然一聲巨響。從窗戶望去，我看見在路口轉彎處，這輛名貴的賓士跑車在薄冰上煞車的滑痕，原來這輛車撞上停放在一旁的汽車。幾天後，我沿著長廊走回公寓吃午飯，發現地板上有一小撮棕色的頭髮，再走二十步，在大廈的出口附近，看見比爾和這位賓士車主正大打出手，我趕忙上前把他們拉開來，建議他們不要公然在德國國家實驗室打架，即便有什麼矛盾，也應該回招待所私底下解決。可是，桑德斯拒絕讓步，他怒氣衝天地對我喊叫：「都是這個大混蛋搞的鬼！我要跟我太太離婚！」

我後來方知，有相當長的一段時間裡，比爾總把桑德斯排在夜間

值班。而比爾則趁他上班的時候，與他妻子私通，在招待所房間裡鬼混。後來他起了疑心，上完夜班後，著急地奔回家查詢妻子。沒想到心急之下，車速過快，他那輛全新的紅色跑車失控地撞得慘不忍睹。

接下來，他年輕的妻子單獨返回美國，夫婦倆很快離了婚。此事發生不久，比爾正式向麻省理工學院請假一年，並離開小組。從此他再也沒回到原來的工作崗位。一年後，丁肇中告訴我們，比爾已放棄科學研究工作，他搬到柏林，與五十多個嬉皮士同住在一棟舊房子裡，共享食物、金錢和女人，再也不是之前那位有組織能力且溫和而幽默的科學家了。

多年後，當我回頭看這些往事的時候，我想，比爾那時心中一定充滿罪惡感，他的良心飽受折磨才會放棄科學研究，選擇自我毀滅、自我麻醉的生活。而我當時全神貫注於物理實驗，對比爾那時的精神狀態和他身上發生的事情，幾乎無暇關心。那時，我還深信著丁肇中的話，那幾句話讓我如此深信不疑：「只要你努力工作，不用你自我宣傳，我一定會大力地幫你宣傳。你一定要相信我，我幫你宣傳比你自己宣傳更有效……」

多年後回想起往事，我寫下這幾句話，記錄我那時的情緒和感慨：

你已沉沉睡著

夜來風雨
你已悄然入睡
我仍舊摸索在你的迷宮

山雨欲來雪滿樓
約恩發亮的眼睛已然黯淡

質譜儀雲山霧罩
如何度過
劫後餘生
比爾的煙斗漸熄將滅
往事如煙如霧
紅色跑車嘎然一聲
劫後又是更大劫
世界一片黑暗

今夜
沒有你月色般的光譜
我怎能繼續
走在你的迷宮

又：你已沉沉睡著
你已沉沉睡著
我被陷在你的迷宮
我大聲呼喊：救命！
無人聽見
我驚嚇萬分
如何能逃出你的迷宮？

或然
我將永遠環行其中
永不得逃脫？
「你已被迷惑」─那個聲音說

「你將永遠被鎖在此中。除非……」

除非……？！？

　　有一位老人，他獨自在灣流中的一條小船上釣魚，至今已八十四天，一條魚也沒逮住。第八十五天，他撞見一條比他的船還大的龐然巨魚，他與大魚整整搏鬥了三天三夜，被魚遠遠拖離岸邊，回程中，一群又一群的鯊魚襲擊大魚。漁夫以刀叉搏鬥，直到魚具器具破損搗毀。他終於拖著大魚的骨骸，慢慢回到了漁港。在大路另一頭，老人那低矮簡陋的屋裡，他又睡著了，依舊臉朝下躺著，孩子坐在他身邊，守著他。老人正夢見獅子。

　　這是美國作家海明威的《老人與海》，我對這部小說記憶猶新，感觸尤深。因為我們當時的研究工作，常常如同漁夫桑迪亞哥一樣，辛苦勞作而最後一無所獲。

　　如同前面所述，我們研究一系列向量媒介子的特性，包括它們與光子的耦合常數以及它們互相之間的干擾角度。1971 年初，我們大致完成了德國的研究計畫，DESY 似乎達到它功能效用的極限。為了繼續發展研究，我們必須搬到另一個高能實驗室，以更高的能量來製造重粒子，以便探測更新的未知領域。

　　此時，位於芝加哥的國家加速器實驗室[17]（NAL）正好竣工。因此，在 1971 年的夏天，彼得、布札（Wit Busza）、我和丁肇中前往NAL。我們提出方案，尋找更重的向量媒介子微粒。第一步，要設計高能的光子束來產生重光子。我設計具有高精確度的電子束，然後用電子碰撞標靶去生產光子，再測定每個折射的電子能量，來決定散發

---

17. NAL. 後來改名為費米國立加速器實驗室（Fermi National Accelerator Laboratory，縮寫為 Fermi lab 或 FNAL），簡稱為「費米實驗室」。

出的光子能量。

　　NAL 接受我設計的光子束，並且允諾在未來十八個月的時間內批准我們來做實驗研究。然而，NAL 有一系列的儀器設備卻出現故障，實驗的批准一再延遲。到了 10 月份，我們失望地返回麻省理工學院。我設計的精確光子束在 NAL 運作了幾十年。

　　這時，丁肇中從 DESY 給我寫了一封親筆信，表示他對實驗研究絕對抱有希望，我們必須到能量比 NAL 低十倍的布魯克海文國家實驗室進行實驗，他還在信中強調，絕對不接受其他的提議。

　　1971 年 11 月，布札和我拜訪了哈佛的吳大峻教授。他建議我們使用 BNL 30GeV 質子射線和氫靶碰撞，來搜尋新的向量媒介子。由於 BNL 射線能量遠低於 NAL，預期的生產率更小得多，所以必須使用一條非常強烈的質子射線，不過這將導致非常強烈的背景。為了消滅這個非常強烈的噪音，於是我設計了雙臂垂直質譜儀，以分別測量電子或正電子的動量和它們的產生角度，改進向量媒介子質量的解析度。我也將原本的氫靶位改為七個鈹靶位，以減少背景。

　　我將敘述「物理設計和如何改善 DESY 的光譜儀」的詳細情況，如下：

　　什麼是宇宙萬物的基本成分？

　　在古希臘即有類似中國陰陽五行的猜測，而後乃有分子、原子、核子、粒子及夸克這樣一步比一步更精確的模型。J 粒子的重要性是它建立夸克模型，也就是說它證明宇宙一切物質都是由正反夸克所構成的。而膠子則是夸克之間作用力的媒介。

　　怎麼得知原子的存在呢？原子的觀念是由氫原子光譜所建立，氫原子是最輕、最簡單的原子，它是由一個質子和一個電子所構成，因為結構簡單，所以我們很容易瞭解它的光譜，並且能用它來確立原子

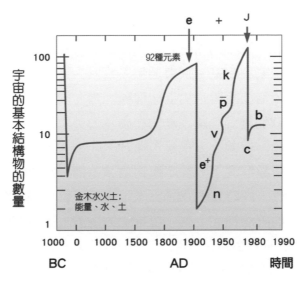

宇宙基本結構物的數量隨著時間變化圖

的存在。

　　夸克之間的核作用力與原子之間的電磁作用力正好相反。核作用力是越重，則越小越簡單。普通的物質是由兩個或三個很輕的夸克所構成，核作用力大，所以結構非常複雜，不能精準的計算，通常無法從光譜或質譜裡斷定它們是否由夸克構成。J 粒子則是由兩個很重的正反夸克——魅夸克所構成的。因為它的質量大，所以核作用力小、結構簡單。它的質譜就像氫原子的光譜一樣明晰，由此就可以確定夸克模型。

　　在我們發現 J 粒子之前，全世界各個實驗室的加速器裡已經有十億個 J 粒子產生了，可是為什麼沒有人發現它呢？這是因為背景雜音太大，把信號完全掩蓋住了。J 粒子的質量大，所以需要高能量的加速器去製造它。我們先在德國漢堡的德意志電子加速器裡研究很多年低質量的向量粒子（有質量與核作用力的「重光子」），那些都是由三個輕的正反夸克所構成。雖然沒有任何跡象，丁肇中直覺地認為一定還

有更高質量的向量粒子存在。在德國，我們用的儀器是水平雙臂質譜儀。1970 年，我和丁肇中到當時正在美國芝加哥新設的世界上規模最大、能量最高的國家實驗室。原來是想用類似的方法去找尋高質量的向量粒子，然而因為技術與政治上的種種因素，使得我們的計畫進展緩慢。1971 年，我們轉到美國長島的布魯克海芬實驗室，這個實驗室能量低，所能產生的信號小，背景（噪音）非常大，要想找到一個信號非常困難。在這種情況下，要想找到信號，就必須要把新粒子的質量測量得非常精準，同時要把背景大大地減弱。打一個比喻，台北下大雨了，那麼多的雨滴裡面，有一粒特別的雨滴，而我們的人就是必須要在雨滴落地之前找到它。

丁肇中教授認為應該還是用我們在德國用的那種水平雙臂質譜儀，我告訴他，這樣做解析度差、背景大。解析度差是因為電磁鐵先把帶電的粒子向外折射，然後再向內折射，電磁鐵的力道相互抵消衰減了很多。背景大是因為電磁場把大角度的信號，與小角度億萬倍大的背景，混合在一起。

1971 年，我設計了垂直彎曲雙臂質譜儀，讓小角度億萬倍大的背景，無害地自由通過實驗區。中角度很大的背景，用鎢、鈾、鉛、銅、水泥墩，還包含有硼[10]同位素的肥皂粉，製造成一個扇形的、密不透風的長城，把除了微中子的其他一切粒子全部消滅。其中硼[10]可以強烈吸收中子。大角度的背景用六個被磁場分離的切倫科夫探測器和三層陣雨矩陣探測器（shower Counter array）去除。它的特點在於能夠在強烈的背景雜訊影響下，準確地測量衰變成為正負電子的新粒子的質量。這個新的儀器可以在垂直面上測量正負電子的動量，在水平面上測量它們的角度。這樣分別測量，就增加儀器的解析度，同時又能把大多數在小角度的背景與在大角度的信號隔開，不像原來儀器的

磁場會把背景與信號混在一起。

在該設計中，我參考哈佛電機工程教授吳大峻：「使用質子與質子對撞，在質量中心系統，循著與質子運動垂直的方向搜索衰變為正負電子的新粒子」的想法。

1974 年，丁肇中的團隊在一個比當時最新的費米實驗室能量低十倍的布魯克海芬實驗室將此質譜儀建造完成，用 30 GeV（1 GeV= 十億電子伏特）的質子去碰撞液態氫的靶。我將氫靶改為分佈在一條直線上七片很薄很窄的鈹（Be）靶，由於鈹原子有 4 個質子、5 個中子，其原子量與電荷數之比（A/Z）的平方為氫原子的兩倍多，使得新粒子衰變為正負電子的訊號與伽馬射線在靶內轉換成正負電子背景雜訊的比例得以大大提高，更容易從實驗資料中找到新粒子的蹤跡。

1974 年夏天，我到芝加哥國家實驗室開會。會中有些科學家報告說 μ 輕子的產生量明顯增加了，可是不確定是何物使它增加的——這可是 J 粒子的先聲啊！

那年 8 月，我們開始收集實驗資料，採集到的資料由我和另外一位麻省理工學院的德裔教授貝克（Becker）帶回學校分析。我們兩人各自操作，決定結果布公布之前互相不溝通，以保持獨立。不久，我就發現了一個小小的峰，峰的下面與旁邊有上千倍的背景雜訊，我試了很多種的方法想把他們去掉，可總是不成功。

9 月一個星期天的下午，我坐在家裡的餐桌旁整理實驗資料，漸漸注意到那些背景雜訊都是接近質譜儀最後一個磁鐵底部的粒子所產生的，而唯有從最後一片鈹靶產生的部分伽馬射線可以打中那裡，從而產生巨大的背景正負電子。就像希臘神話中的蛇髮女妖美杜莎（Medusa），任何人看見她的眼睛就會石化。除了前述，只測高能量帶電粒子的切倫科夫（Cherenkov）輻射探測器，其他任何偵察器只要看

到我們那個靶就會被輻射燒壞。就算經過一次反射，間接看到，也會產生如此巨大的背景。因為垂直量子質譜儀是我設計的，所以我很清楚它的弱點。

我將正負電子軌跡的有效基準體積（fiducial volume）稍稍地縮小，結果背景雜訊幾乎全被濾掉了！

留下 50 個訊號，集中在質量為 3.1 GeV 的點上，而背景雜訊只剩 1 個，導致訊號與背景雜訊的比例變成 50：1。

我轉過頭來，對正在織毛衣的繼母說：「我找到了一顆大鑽石！」

接下來，我又花了一個星期的時間慎重地繼續檢查實驗資料。只有和我一起教課的李・格羅辛斯（Lee Grodzins）[18] 教授和孔金甌 [19] 教授注意到了我的激動與我的發現，我首先消除了強烈的背景雜訊，發現高聳銳利的 J 粒子峰值。

慎重是必須的，因為事先沒有理論預測，意外地找到的這個壽命很長、質量很大的 J 粒子，後來才被證實就是第四種（c）正夸克 - 反夸克的結構體，表明重魅夸克（c）的存在，並且證明夸克是宇宙中一切的基本構建塊，更進一步建立核作用裡的量子色動力學。

我花一個星期做了六種不同的檢測之後，方才打電話給還在布魯克海芬實驗室的丁肇中教授，說我找到一個非常強的訊號，幾乎沒有

---

18. 李・格羅辛斯（Lee Grodzins，1926~），美國著名物理學家，麻省理工學院教授。
19. 孔金甌（1942~2008）江蘇高淳人，美國華裔電磁學科學家，為孔夫子第七十四後代。國立臺灣大學電機工程學系畢業，1965 年獲國立交通大學碩士，1968 年在美國雪城大學（Syracuse）獲得博士學位。美國麻省理工學院教授（1968~2008），浙江大學教授、東南大學客座教授，國際電磁科學院院長（1989~2008），電磁學研究進展論壇（Progress in Electromagnetics Research Symposim，PIERS）主席，世界電磁研究與進步機構主席，IEEE 和美國光學學會院士。臺灣聯合報（2008.04.29）發表題為《孤帆遠影碧空盡》的紀念文章，本文原文為英文，由本書作者撰寫，台灣詩人杜杜翻譯。

背景雜訊，那個訊號就在質量為 3.1 GeV 的位置，峰很窄所以壽命很長，因此幾乎可以確定是會衰變成為正負電子的新粒子，其自旋為 1，宇稱為負 1，電荷共軛也為負 1。

丁肇中叫我立刻趕到長島，向大家報告這個發現。這時，隔壁辦公室的貝克聽到我和丁教授的對話，也走了過來，向我展示他的試驗結果。他的結果是一個小小的峰，下面與旁邊有千萬倍的背景雜訊。

我立刻趕到長島實驗室，向其他五位物理學家報告我的發現。大家都激動萬分，在餐廳裡高談闊論，完全沒有做保密的措施。

有一位跟貝克同組合作的物理學家特倫斯·羅德斯（Terence Rhoades）問我：「為什麼你有這麼大的訊號和這麼小的背景雜訊，而我卻有那麼小的訊號和那麼大的背景雜訊？」

我向他解釋怎麼樣做才能把大背景雜訊去掉，他就跑回電腦室照著我的指示，幾個小時後，他也把背景雜訊去掉了，得到的結果和我的一模一樣。

我向丁教授解釋，我已經做了六種不同的檢測，建議再做第七個試驗來檢查結果。第七次實驗就是把我們儀器的能量減低百分之十，如果這個信號是假的，它的位置也就會降低百分之十。真正粒子的質量是不會隨任何外界條件改變的。一個星期後，我們完成了這次的檢驗，新粒子的質量還是在 3.1 GeV，沒有任何改變。這樣就百分之百證明了它是一個新粒子。那時候大家認為應當立刻發表，但是丁教授堅持不肯，他說有一個新粒子，就會有很多新粒子，我們必須在別人發現之前把它們一網打盡之後，再一併發表。

那個春、夏兩季，實驗室為我們準備了一架四人座的專機，我幾乎每天都在波士頓和長島兩地飛行。

這時，史丹佛大學的加速器也正在尋找類似的信號。我們的儀器就像一個廣角照相機在一堆稻草裡找一根針。假如那根針閃亮的話，

那個廣角照相機一下就可以找到它。

相比之下，史丹佛大學的儀器則像一個顯微鏡，需要知道針的準確位置才能看得見它。我們組裡另一位研究員吳秀蘭從德國趕來，她就讀哈佛時的老師正在史丹佛大學訪問，所以她天天打電話問她的老師，史丹佛大學在什麼地方尋找。她的老師回答，他們已經掃描過了30至40億電子伏特，當時是在42億電子伏特。我們都鬆了一口氣，認為史丹佛已經錯過了我們的粒子。吳秀蘭並聲稱她探聽到史丹佛大學能量的掃描已經跳過了 3.1 GeV，到了 4.2 GeV，但沒有找到任何高峰。此一決定使發表延誤了一個月，也走漏了消息，史丹佛大學小組得以卯足全力在 3.1 GeV 附近夜以繼日地掃描，而趕上了我們的發現。

整個 10 月份，我們一直在努力尋找更多的新粒子。而丁肇中則每天在外面散步，他似乎心事重重，眾人臆測紛紛，不知道他在想什麼。11 月初，丁肇中要去史丹佛大學開會，臨行前，我告訴他：「我們必須立刻發表這個重要發現，此為當務之急，史丹佛大學的所長對我們的發現可能早已有所風聞，到時如果他問起我們新粒子的位置，你能不告訴他嗎？」

丁肇中答道：「就算跨過我祖母的屍體，我也不會告訴他。」

11 月 10 日，丁肇中教授飛到史丹佛大學開會。那天下午，我和幾位組員正在實驗室工作，突然有個學生跑進我們實驗室，說剛聽到史丹佛大學在慶祝什麼事。組員們一聽都嚇呆了，大家心裡都猜疑是不是史丹佛大學也找到我們發現的粒子了。我看一下手錶，知道丁教授還在前往舊金山的飛機上，我立即打長途電話到舊金山機場，請他們在飛機降落之後，用播音器尋找丁教授。

丁教授語氣極為不耐煩地回了電話。我跟他說：「論文已經準備好了，可以立刻送出去發表。」

他想了一下說：「這一定是史丹佛大學想出來的詭計，想騙我們洩

漏新粒子的位置。」他勸我早點回去休息。

　　勸說無效，我就回到實驗室的宿舍，睡到半夜兩點的時候，被一位技工急迫的敲門聲驚醒了，原來丁肇中打長途電話給我。他說：「很不幸，史丹佛大學真的找到我們的粒子了。」他勸我立刻飛回麻省理工學院公布我們的發現。

　　於是，我們的實驗室就立刻公布發現新粒子的消息，組員們也開始將我們的發現通知給全世界各地的物理學家。

　　11 月 11 日凌晨，我打電話給哈佛大學的教授謝爾登‧李‧格拉肖（Sheldon Lee Glashow）[20]，告訴他我們的發現。他說他將在當天早上八點半趕到麻省理工學院，和大家一起討論新粒子的意義。幾十位物理學家聚在一起，對於這個信號巨大與狹窄非常驚愕。因為新粒子的質量大，它的壽命就應該短。但是這個新粒子質量大而狹窄，狹窄意味著壽命長。怎麼會質量大而壽命又長呢？大家都想不明白。

　　討論到了中午，秘書給大家送來中餐。吃飯時，格拉肖教授慢慢地走到了前面的黑板前，向大家解釋這個粒子就是由正負第四個魅夸克所構成的。這個信號的狹窄就是一個新的夸克的證據。這瞬間就建立了夸克模型。

　　我們和史丹佛大學的論文在同一期物理雜誌同時發表，日期只比史丹佛大學早一天。在我們宣告這個新粒子發現的當晚，丁肇中教授也通知了位於義大利與史丹佛大學類似的對撞加速器。這個義大利的對撞機最高能量只能到 30 億電子伏特，他們冒著加速器被燒毀的危險，勉強把對撞機加速到 31 億電子伏特。在三天之後，他們也找到了這個新粒子。這證明史丹佛大學如果發現我們粒子的位置，也只需要

---

20. 謝爾登‧李‧格拉肖（Sheldon Lee Glashow，1932~），生於美國麻州，美國物理學家。1964 年提出魅夸克，1979 年獲諾貝爾物理學獎。

三天時間就可以找到。

在我們發現 J 粒子之前，全世界各個實驗室的加速器裡已經有無數個 J 粒子產生，可是為什麼沒有人發現它呢？因為背景雜訊太大，把訊號完全掩蓋住了，費米實驗室的列德曼團隊就三次失去找到的機會，聽到我們發現的消息，一下子就在他們原有的實驗資料裡找到 J 粒子。另一個義大利的實驗室也只用了三天時間就複製了史丹佛大學的結果。

這個 J 粒子在粒子物理領域是非常重要。1976 年，我應邀參加實驗組領導丁肇中博士由於 J 粒子之發現而獲得的諾貝爾獎頒獎典禮。

J 粒子在粒子物理裡的重要性，就跟氫原子在原子物理裡的重要性是一樣的。那我們為什麼相信玻爾的原子模型──原子是有個帶正電的原子核，外面是帶負電的電子呢？正負電之間的作用力，是由於距離的平方成反比的庫侖定律來決定的。

因為這個原子模型極其精確地解釋了氫原子的光譜。這就是只有一個質子和一個電子所構成的結構簡單的氫原子的重要性。假如世界上沒有結構簡單的氫原子，而最輕的原子是結構複雜的鐵原子的話，那我們就發現不了原子模型。因為有 26 個電子的鐵原子光譜太過混亂，過於複雜，很難分析出規則。在電磁物理領域，氫原子是最輕、最簡單的；在核子物理領域，這 3 個 u、d、s 夸克是很輕的，很輕的夸克之間的相互作用力太強了，所以無法計算，因為用泰勒級數展開的理論計算結果是發散的，這就是理論跟實驗無法比較的原因。

核作用力是能量越高、距離越近的時候，它的作用力越小，與距離的平方成反比的庫侖定律相反。所以 J 粒子的重要性在於它的質量很大，它的兩個魅夸克（c）之間的距離很近，作用常數就很小。作用常數很小時就跟氫原子一樣，我們就能用泰勒級數展開的理論，精確計算 J 粒子的各種特性，所以 J 粒子相當於原子物理裡的氫原子，也是其

1976 年，瑞典首都斯德哥爾摩，發現 J 粒子諾貝爾獎頒獎典禮。

麻省理工學院教授
丁肇中博士。

瑞典國王卡爾十六世古斯塔夫
（King CarlGustaf XVI）

威斯康辛大學物理系教
授吳秀蘭博士。

麻省理工學院教授
陳敏博士。

重要的原因之一。

　　丁肇中向貝克和我建議，把這個新粒子叫做「J 粒子」，因為 J 在物理學中常用來表示角動量，新粒子壽命長因此是能量最低，軌道角動量 = 0，所以 J = 角動量 = 自旋 = 1，J 粒子是高質量的向量粒子，有一個單位的角動量。貝克與我都覺得合理，所以我們就用角動量的符號代表新粒子。很久以後才有人提到 J 和丁肇中的姓氏「丁」很類似。

　　我們三位教授都參加了 1976 年的諾貝爾物理學獎頒獎典禮。多年後，我無意中看到史丹佛大學麥克・雷丹（Michael Riordan）寫的一本書，書名是《夸克的追尋》（*The Hunting of the Quark*）。在這本書中，當

初我發現 J 粒子時的那些資料，竟然都被說成是貝克教授發現的，篡改人的筆跡（Mee，Run……等等）就自己留在資料上。另外一個錯誤就是把十月（October Revolution）變成 11 月（November Revolution），見下圖。

後來一直忙於教學和科研，我也沒有特別在意此事。直到有一天遇見貝克教授，我問他：「你的試驗結果是橫向畫的，我的試驗結果是縱向畫的。怎麼我的縱向資料會變成你的資料呢？」

他被我追問得無話可說，不得不承認 J 粒子的資料確實是我的發現，而不是他的發現。麥克·雷丹跟貝克證實以後，麥克·雷丹這才正式寫信向我道歉，並答應再版時予以修正。

我在前面提到，宇宙的基本結構成分是夸克。而夸克與夸克之間的作用力則是由膠子來傳遞的，就像電與電之間的電磁作用力是由光子

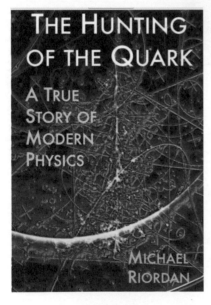

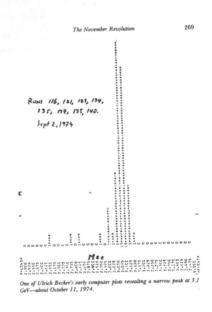

作者發現在《夸克的追尋》一書中，J 粒子的原始資料被錯誤地標記為貝克教授所發現。

（電磁波）來傳遞一樣。我們還可以再用打橄欖球來做個比喻：雙方的球員們就是正、反夸克，橄欖球就是膠子，球員傳球的力量叫作耦合常數，瞭解夸克與膠子之間的作用力，才可能理解並進一步控制及利用核能。核作用力比電磁作用力強很多，就像氫彈比 TNT 炸藥強很多一樣。

夸克之間的核作用力與電磁作用力正好相反。核作用力是能量越高越簡單，普通的物質是由兩個或者三個很輕的夸克與很多個膠子所構成的，所以結構非常複雜。我們發現的「3 噴柱事件」能量很高，所以結構很簡單，只有兩個夸克與一個膠子，可以用來測量膠子與夸克間的耦合常數。

科學和很多學科都是如此，我們在理解簡單的東西以後，才能逐漸理解複雜的。

1897 年，英國物理學家湯姆生發現電子。電子有什麼用？湯姆生回答：「我不知道電子有什麼用，可是我確信將來各國政府都會在電子上抽稅。」時至今日，果然如湯姆生所預料的那樣，各國政府的稅收幾乎都與電子有關。

我在加州柏克萊大學的指導教授賽格瑞（Emilio Segrè），因為發現反質子而於 1959 年獲得諾貝爾物理獎。1928 年，他在義大利跟隨費米做研究時，發現了慢中子。慢中子使得連鎖式反應核分裂成為可能，這是核能時代的黎明春曉。石墨（像鉛筆芯的黑色材料）使快中子變成了慢中子，因與慢中子更大的橫斷面而導致核分裂，生產很多快中子。過程迅速不中斷，造成核分裂的一個連鎖式反應。

1942 年，費米用這個發現開始核能發電與核彈研究。1986 年，賽格瑞教授與我在柏克萊讀書時共事的研究員雷・斯帝寧（Ray Stiening），以及在布朗大學當教授的同學大衛・卡茲（David Cutts），三人來我鄰近麻省理工學院的家裡做客（見下頁圖）。那時賽格瑞教授已將近九十高齡。在眾多哈佛和麻省理工學院的教授面前，我向他敬

酒致謝，感激他傳授給我那一套他從費米身上學來的探索方法，助力我發現 J 粒子與膠子。

賓客中有兩個諾貝爾獎的得主：上文提到統一弱作用力與電作用力的格拉肖教授，和發現核子有「點結構」的弗里德曼（Jerry Friedman）。這些偉大的科學家不僅是我科學研究上的良師，也是我生活中的益友和夥伴。從他們身上，我受益良多。

我和丁肇中教授於 1974 年發現 J 粒子，建立首個重夸克，也是第四個夸克的存在，證明宇宙一切物質都是由正反夸克所構成的。這個發現的意義巨大！

同時，第三家族的輕子也被史丹佛大學發現，每個家族有兩個輕子。根據夸克與輕子的對稱性，大家都猜測會有六種夸克存在。下一步都想找尋第五和第六個夸克的粒子。沒人想要找膠子，也不知道如

1987 年。後排（右）諾貝爾獎的獲獎者：謝爾頓‧格拉肖教授、哈佛大學的卡爾‧斯特勞教授；前排（右）諾貝爾獎獲獎者傑羅姆‧艾薩克‧弗里德曼（Jerome Isaac Friedman）、埃米利奧‧吉諾‧賽格瑞（Emilio Gino Segrè），在作者獨特的東方風格房子的客廳。

何找膠子。

　　擁有美國最大加速器的費米國家實驗室的所長威爾遜（Robert Wilson），原來在 1970 年延緩了我們在費米實驗室尋找新粒子的計畫。等到我們在低能量的布魯克海芬實驗室發現 J 粒子之後，他即殷勤地邀請我們把找到 J 粒子的儀器——垂直雙臂質譜儀——搬到費米國家實驗室，尋找第五以及第六個夸克。我和貝克都同意，可是丁肇中卻反對，他堅持要搬到擁有更高能量的質子與質子對撞機（Intersecting Storage Rings〔ISR〕）的瑞士歐洲核子中心。於是我們整個小組就搬到瑞士做實驗，尋找第五個夸克的粒子。

　　我們雖然找到了 J 粒子，可是卻不瞭解 J 粒子是怎麼產生的。當時許多史丹佛大學及麻省理工學院的理論物理學家們都認為，J 粒子是由正、反夸克對撞消滅後產生的。在質子與質子對撞中，正夸克的能量比反夸克高。因此他們的結論是正、反夸克對撞後，產生的新粒子應該會在小角度裡產生。雖然 J 粒子是在 90 度的人角度裡找到的，我們卻輕信這些理論物理學家的話，把儀器設在小角度的地方，結果兩年下來，只找到很少量的資料。

　　那時，在費米實驗室有一位著名的哥倫比亞大學教授里昂·列德曼，他在 1960 年代初期發現 μ 微中子（muon neutrinos），而證明第二家族的 μ 輕子與第一家族的電子不同而成名。丁肇中當初就屬他領導的實驗小組。列德曼已經三次錯過找到 J 粒了的機會。事實上，他在 1968 年就找到了一個 J 粒子寬闊的山脊，可是他高估自己儀器的解析度，以至於下了錯誤的判斷，而不認為他找到的是一個新粒子。第二次在歐洲質子對撞機裡，他的儀器也產生 J 粒子，可是負責分析的研究員們沒注意到，等聽說我們發現 J 粒子時再回頭找，才發現其實 J 粒子一直都在他們的資料裡，而被忽略了！接下來是 1974 年在費米實驗室，他發現 μ 輕子的數量明顯地增多，可是他沒有想到這些 μ 輕子

是由 J 粒子衰退所產生的，這使他第三次錯過發現 J 粒子的機會。

可見，科學的發現需要你的耐心和細心，也許你不經意的一個小小的疏忽，就會錯過一個驚人的科學發現。

1975 年，我們去瑞士歐洲核子中心使用質子對撞機做研究，列德曼在費米實驗室仿照我所設計的 J 粒子的儀器，也製造一個類似的垂直雙臂質譜儀。跟我的儀器唯一的區別，在他的儀器雙臂是一臂朝上、一臂往下。他認為這樣實驗資料的產量會增加，可是他沒料到，這樣造成了我前所述的長城左右不對稱，反而很難把像我前面所敘述中角度的背景去掉，蛇髮女妖美杜莎攻破不對稱長城施虐，巨大背景使得他的儀器無法操作。最後他還是把兩個臂改為一致向上，跟我原本的設計一模一樣。他們不分晝夜地收集資料，不久就在 6.2GeV 發現一個小小的峰，便宣告這是第五個夸克的新粒子，並以里昂・列德曼（Leon Lederman）的名字里昂「Leon」來命名這個粒子。

里昂的發現，使得他們的研究經費大增，因而他們有能力進一步改進儀器。再經過一段時間的資料收集後，這才發現 6.2GeV 根本就沒有峰，原來找到的僅只是背景的假象而已。他們自我解嘲地稱這個假象為 UPSLEON，即 OOPS LEON（哎呀，里昂）之意。可是這個改良後的儀器倒是真的讓他們在 9.3GeV 的地方發現第五個夸克的粒子高峰，他們稱那個粒子為「UPSILON」。他的發現比我們早六個月，也就是說，在他們發現六個月之後，我們才收集到足夠的資料來建立第五個夸克的新粒子，因此輸給了他們，堪稱一波六折。列德曼也真是「有志者事竟成」的最好寫照，他的堅韌不拔、勇於探索的精神值得我們每個人好好學習。

膠子的發現與中國科學家的貢獻

　　既然第三個夸克的新粒子 φ 質量是 1 GeV，第四個夸克的新粒子 J 質量是 3 GeV，1978 年發現第五個夸克的新粒子 Υ（Upsilon）質量又是 9 GeV，那麼學過數列的人都會推斷出第六個夸克的新粒子質量應該是 27 GeV，這是 1：3：9：27 的級數。

　　前面提到，在我們宣告發現 J 粒子的當晚，丁肇中也通知位於義大利正負電子對撞機的物理學家們，他們三天內也找到了 J 粒子。這證明正負電子對撞機只要能量夠高，就可以找到已知質量的新粒子。所以結論就是：要趕快製造 27 GeV 正負電子對撞機！哈佛大學的物理學家格拉肖呼聲尤高。

　　當時物理界決定蓋兩個比史丹佛大學現有能量更高的正負電子對撞機，一個叫「PEP」，就在史丹佛大學，由我的朋友雷・斯帝寧（Ray Stiening）領導製造；另外一個叫「PETRA」，在德國漢堡，就是 1970 年我做實驗的電子加速器 DESY。兩個實驗室為了搶先找到第六個夸克的新粒子，夜以繼日地加班競賽，最終在德國的加速器 PETRA 首先完成了。我們是 PETRA 四個實驗小組其中的一個，叫「Mark J」。

　　Mark J 是丁肇中教授用幾層電磁鐵設計的一個新儀器，主要目的是尋找新粒子及測量使正、反 μ 輕子分布不對稱的弱作用力。可是因為粒子在電磁鐵裡折射，使得解析度很不好。1979 年，麻省理工學院

的一位法國學生讓皮埃爾・雷沃爾（Jean-Pierre Revol）以此為博士論文，專門研究正、反 μ 輕子分布不對稱的弱電交互作用現象。

假如這些新夸克構成的新粒子質量真的是 1：3：9：27 級數的話，這就像氫原子的光譜一樣地成為一個簡單的數列，這個意義是非常重大的。它表示夸克不是宇宙萬物的基本構成物，而是由一種更基本的物質所構成，就像氫原子是電子與質子構成的一樣。結果卻出人意料之外：第六個夸克並不在大家所預料的 27 GeV 的地方！在我們發表《找到膠子而沒找到第六個夸克》的論文之後，一位德國幕尼黑大學物理教授仍堅持認為第六個夸克的新粒子必在 27GeV 的地方，他還跟我打賭，賭注是一千公升世界上最好的慕尼克啤酒。由此可見當時人們執見之深。

高能（10 ～ 24 GeV）正負電子碰撞後產生五種（u，d，s，c，b）正夸克 - 反夸克，夸克瞬間衰退為很多強子，形成 2 噴柱現象。噴柱的寬度隨著夸克能量變窄。夸克之間的作用力是由膠子來傳遞的，有時一個高能量的夸克可以放射出一個高能量的膠子，其瞬間衰退為很多強子，形成 3 噴柱現象。我們 PETRA 從 13 GeV 開始找起第六個夸克的新粒子，很緩慢地把能量逐漸增加到 17、22 GeV。到了 1979 年 4 月，增加到了 27 GeV。

那年春天，我在麻省理工學院教書，利用課餘設計一整套分析方法，主要用於分析正負電子對撞後所產生強子在空間中的能量分布。我發現雖然我們的儀器對於測量單個粒子的能量不是很精確，卻能精確地測量所有帶電粒子和中性粒子（光子）總體能量分布，而且背景特別小，所以能收到的資料比別的小組多很多。我把所有粒子在空間的能量分布中，能量最大的那個方向定為衝量軸（Thrust），然後在垂直衝量軸的平面上找出最大的能量分布方向，把它定為主軸（Major），最後再將垂直的第三軸定為少軸（Minor），按照每一個事件的能量分

布把它們的衝量軸跟主軸綜合排列起來，並定義扁度＝（主軸－少軸）／總能量。這樣，能量分布的形狀就可以精確地計算出來了：衝量軸能量近似少軸能量（扁度很小）是球形事件；主軸能量遠遠大於少軸能量（扁度很大）是平面事件。17 GeV 與 22 GeV 的資料，能量集中在兩個狹窄的噴柱中。當時並沒料到 27 GeV 的數據，有少數的事件（扁度＞0.2）能量居然會集中在三個噴柱中。

五月，學期結束後，我趕到德國實驗室。與 MARK J 組員合影（見圖）。正好碰上吳秀蘭教授在 DESY 實驗室裡演講。她在 PETRA 另外一個小組 Tasso 工作。Tasso 是 Mark J 最大的競爭對手。Tasso 只能測量帶電粒子的動量分布，而不能測量中性粒子（光子）的能量。吳秀蘭教授演講的主要內容是她找到了幾個能量分布像球形的事件，她說這就是「第六個夸克的新粒子」的證據。

高能正負電子碰撞後產生正夸克-反夸克。1979 年，我開發新數學方法來計算高能正負電子碰撞後產生的強子能量分布，發現 3 噴柱現象和兩個夸克之間核作用力的載體：膠子。

3 噴柱事件以及膠子的發現完全是出乎意料之外的：如果第六個夸

Revol（後排第1）、Becker（第2排右2）、紐曼（前排右6）、唐孝威（前排右二）、陳敏（前排右三）等組員合影。

克的向量粒子真的是在 27 GeV 的話，那麼向量粒子的球形事件就會把 3 噴柱事件完全掩蓋，我們就不會找到膠子。如果膠子與夸克之間的耦合強度太大或太小，3 噴柱事件也不會那麼明顯。

我因為收集實驗資料以及資料分析工作繁忙，無法分身參加六月份在歐洲舉辦的物理學大會，以及八月底在費米實驗室的世界物理大會，就由加州理工學院的紐曼（Harvey Newman）教授代表 Mark J 組參加這次大會。

紐曼教授的演講排在早晨九點鐘。我在當地時間清晨五點，打電話給在費米實驗室的丁肇中教授，告訴他，我找到了幾百個 3 噴柱的事件，那 3 個噴柱就在一個平面上，完全不像吳秀蘭說的球形事件。丁肇中在電話裡把我的資料畫成了圖，讓紐曼教授在大會上公布這個發現。當 3 噴柱事件在螢幕上向會場顯示時，全場的物理學家們都驚訝得站了起來！又一個驚動世界的科學發現，就這樣呈現在世界一流的科學家們面前。

事後，我跟丁肇中說，我已經把發現 3 噴柱事件的論文寫好了。當晚我就從德國飛回麻省理工學院，把論文交給丁肇中教授發表。我隨即又飛到史丹佛大學演講，公布 3 噴柱事件的發現。在會議上，遇

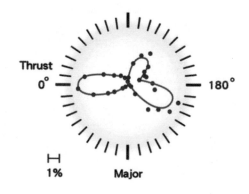

正負電子在 27 個 GeV 對撞後，產生強子能量的分布圖。

到當初找到 2 噴柱的幾位史丹佛大學的研究員。2 噴柱就是由正反夸克所產生的，而 3 噴柱的第三個噴柱就是產生膠子的證明，第三個噴柱只有在能量大於 22GeV 時，才與 2 噴柱明顯分開。在史丹佛大學會議中，大家討論到用 3 噴柱事件來測量膠子與夸克間的耦合常數。

同時我也碰到了雷・斯帝寧，他向我祝賀膠子的發現。接著提到他所領導製造的對撞機 PEP 發展緩慢，期間遇到了種種的困難。我也邀請他來麻省理工學院訪問，並到我家作客。

在史丹佛大學會議的隔天，我又飛往洛斯阿拉莫斯國家實驗室（Los Alamos National Laboratory）演講，報告膠子的發現。一星期後返回麻省理工學院，才知道 Tasso 跟我們同時發表了找到膠子的論文。Tasso 只找到很少幾個平面的事件，其中包括吳秀蘭教授所謂的球型事件，而球型也是第六個夸克的特徵。

1995 年 10 月，我的大兒子於在加州理工學院附近舉辦婚禮，我邀請在加州理工學院工作的紐曼和朱人元博士來參加婚宴。一年以後，朱人元告訴我說：「1995 年春天，MARK J 組膠子的發現獲得歐洲物理學會獎，紐曼和陳和生雙雙獲了這個獎。」

我聽了朱人元的話，非常吃驚！——我被蒙在鼓裡了！是我發現的膠子，但領獎的卻不是我，而是當初在歐洲物理學大會宣讀我的發現成果的紐曼和另一個與我同姓陳（CHEN）的學生！我隨即書面質問紐曼教授，為何在我兒子的婚禮時，沒告知我，他得「膠子發現獎」的事，他卻至今未有答覆。

我受蒙蔽這麼久，心裡的鬱悶可想而知。我得知此事之後，即使後來我當面加上致信書面詢問紐曼教授此事，希望他給我一個解釋，但他始終沒有給出合理的答覆。後來見到紐曼的時候，我又當面質問他：「為什麼 1995 年在我兒子的婚禮上遇見我時，沒有告知我，你得了『膠子發現獎』？為什麼我作為真正的發現者卻沒人通知我，也沒有告知我

1985 年，左起是雷‧斯帝寧博士（Ray Stiening，史丹佛大學正負電子對撞機的負責人），麻省理工學院的威特‧布扎（Wit Busza）教授，陳振宇（Edmund Chen，作者的二兒子）和作者。在作者獨具東方風格的房子前。

是誰去領的獎？原因到底是什麼？」面對我的質問，紐曼支支吾吾，顧左右而言他，當時正好有別的朋友與我搭話，紐曼就趁機溜走了，此後再也不與我打照面。每次我到加州理工學院去演講，他就躲到別處，至今都沒有給我隻字片語的答覆，可見他無顏面對我的責問。

我想問個明白，就又去詢問當時我所在的 MARK J 組的負責人丁肇中以及小組成員陳和生和貝克教授。

丁肇中避而不答，卻親自傳真給我寄來一份《台灣日報》紐約分社記者李錦青採訪他的影印本（2000 年 6 月 22 日），在談到 J 粒子和膠子的發現時，他總結地說：「……在實驗中，發現了正負電子對撞中會產生三個像噴柱的現象，陳敏教授在這方面做了很大的貢獻，以及加州理工學院的紐曼教授也是。噴柱量是多少、統計學上的分析，陳敏教授做了很大的貢獻。資料的收集等，中科院唐孝威做了很大的貢獻。陳敏及紐曼教授運用電腦模擬實驗又做了很大的貢獻……中國人的貢獻很大。陳敏教授、大陸的唐孝威及紐曼教授都是極端傑出的人

才。」

丁肇中把發現的過程及成果都說得很清楚，但是，對於他為什麼委派陳和生和紐曼去領獎，而不是及時通知我獲獎之事，這幕後的真相、玄機到底是什麼，丁肇中閃爍其詞，沒有正面回答。

陳和生的回函，採取的是跟丁肇中一樣的策略，只說好話，不談領獎事實真相。他說：「丁教授在訪談中，總給你很高的評價。」但卻不提為什麼是他去領獎的原委。他的虛與委蛇與丁肇中如出一轍，讓我總感覺他們是統一口徑，一致迴避我的問話。

貝克在回覆中說的話也是十分可笑：「我們試著與你聯繫，卻無法聯絡上你。我與其他組員也很驚訝丁教授會派陳和生去領獎。」

我提醒他說：「這麼多年來，我在麻省理工學院的電子郵箱和電話始終如一，未曾改變。何況麻省理工學院的教職員電話本上，一直有我的名字、電子郵箱和電話。MARK J 組的所有成員，包括你、丁教授和陳和生在內的所有人都知道我的聯繫方式，為什麼說你們聯繫不上我呢？而且這期間，我始終沒有接到你們任何一個人，包括負責人丁教授在內，給我任何關於獲獎的資訊，你們為什麼一直瞞著我，而去領取這個獎呢？」

對此，這位貝克教授也無言以對。

在我得知紐曼教授和陳和生因為我發現膠子而獲得歐洲物理學會頒發的「膠子發現獎」的十年之後，2005 年，我在「DESY 膠子發現 25 周年」慶祝會上，終於獲得歐洲物理學會頒發的「膠子發現獎」。據悉，十年前的頒獎通知上，寫的是我的名字「Chen Min」，而頂替我這個 Mr. Chen 去領獎並留影的，卻是另外一個 Mr. Chen。不知這是丁教授的刻意安排和授意，還是陳和生的自告奮勇而前往。可歎，盛譽面前，人都會動心，所以才會採取瞞天過海的手段，不擇手段冒名頂替，沽名釣譽，科學家之斯文掃地，與凡夫俗子並無二致。世相人

生，由此可見一斑也。

在發現膠子的過程當中，來自中國的科學家們鼎力相助，與我們一起努力工作，應該說他們也為膠子的發現作出巨大的貢獻。1978年11月，當時我們在德國從事實驗，中國科學院第一次派唐孝威等十位科學研究員來與我們共同工作。1979年，中國科學院又派了一批研究生去德國。先後有一百多名中國物理學家和研究生到實驗組工作和學習。其中張乃琳助我分析噴柱事件，朱人元與陳和生先後在麻省理工學院獲得博士學位。1982年，朱人元計算膠子與夸克間的耦合常數有重大突破，使得我們 Mark J 研究組測定膠子與夸克間的偶合常數，至少領先其他研究組兩年。陳和生則遵循著麻省理工學院的法國科學家讓皮埃爾·雷沃爾（Jean-Pierre Revol）於1982年的博士論文所關注的現象研究方法，再度測量弱電相互作用。

1979年9月，《紐約時報》的頭版報導我們發現膠子的消息，中國有二十七名科學家參加我們主要的實驗。在這次核粒子的國際合作研究上，中國的科學家做出很大的貢獻。這些中國科學家都是很優秀的物理學家，他們功勞卓著令人難忘。

1979年秋天，我應中國科學院的邀請，到北京的中國科學院講學。借此良機，我與失去聯絡三十年、長我八歲的哥哥陳慧重逢了。他邀請我前往石家莊，他任教的河北師範大學演講。可惜不巧，動身離開北京的前一天，中國科學院通知我們，鄧小平第二天將在人民大會堂為丁肇中教授與我發現膠子舉辦慶祝典禮。

鄧小平與科學院的領導所舉辦的慶祝儀式非常隆重，不僅和我們一起合影，還設國宴款待。宴會中，鄧小平很輕鬆地描述他因為經濟改革，幾次被毛澤東下放，甚至在廣東睡豬寮的往事；還提到在「文革」期間，他與幾位老戰友躲在家裡打橋牌消遣避禍，被紅衛兵抄上門來，紅衛兵把打橋牌的桌椅和撲克牌全摔到了街上。儘管遭遇如此多

的困難和折磨，他依然不屈不撓，今日經濟改革成功，成就也是有目共睹。

　　宴會中鄧小平介紹一道由生長在長江水底一種白色的鱉所熬的湯品，是他最喜愛的一道菜。我品嘗了，果真鮮美嫩滑無比。同行的美國女秘書卻嚇得不敢碰，我眼睜睜地看著她的那一碗湯被收走，心裡直替她惋惜。如今長江污染，念及白鱉恐已銷聲匿跡，此情只堪成追憶了。

1979 年秋，作者應中國科學科學院院長方毅（前排右八）的邀請，赴中國科學院講學。因為膠子的發現，期間與丁肇中教授（前排右七）一起，受到時任中國國家領導人的鄧小平（前排右六）接見。後排右三為作者，右四為作者太太陳馬世善、右五為後來的丁肇中太太 Susan Ting。

宇宙的基本結構物與傳播的媒介

　　自旋為粒子與生俱來的一種角動量，並且其量值是量子化的，無法被改變。在我們的宇宙中，根據其自旋係數（自旋係數＝自旋角動量除以衰減的普朗克常數 $\hbar$），所有基本構建塊可以分為以下兩類：

一、交換訊息的玻色子

　　自旋係數為整數的那些粒子稱為「玻色子」（Bosons），類似一個充滿愛心的家庭成員，喜歡保持緊密的聯繫，越近越多越好。玻色子可以用來傳輸信號，因為當它們保持在一起時，信號更強大，可以傳遞信號。最重要的玻色子被稱為規範玻色子（Gauge Bosons），其分別為光子（1905 年，愛因斯坦發現而獲得諾貝爾獎）、膠子（1979 年被發現）、弱玻色子（1983 年被證實）、重力子（重力波在 2016 年被證實），這些都可做為四種基本力的載體（正如在兩個球員中傳遞的球）。因為這些粒子傳遞資訊，所以這些規範玻色子均可以稱作「天使粒子」，如希格斯玻色子（Higgs Boson，2013 年被發現），因為能夠無中生有，太過重要，而被稱為「上帝粒子」。

二、構成宇宙的基本結構物——費米粒子

　　自旋係數為半整數的粒子，稱為「費米子」（取名偉大的物理學家費米〔Fermi〕，我的論文指導老師的老師），我們可以將費米子喻為汽車旅館裡的陌生人，他們每個 都有著自己獨立的房間，這些房間（費米子）就如同建構旅館（世界）的一磚一瓦，透過這個比喻希望可以讓讀者們更容易理解，我們這個宇宙是由費 所構成的， 費米子之間的訊息是由玻色子所傳遞。

　　大多數費米子如質子、電子（由湯姆生〔J. J. Thomson〕在 1897 年發現）、中子等都有很嚴格界定的反費米子，包括反質子（我的論文指導教授賽格瑞〔Emilio Gino Segrè〕在 1955 年發現，他也是吳健雄的老師）、反電子或正電子（發現於 1933 年）等，各自的反費米子與原始的費米子具有相同的質量、自旋、宇稱、耦合常數與壽命，但具有相反的電荷、螺旋（helicity）、磁偶極矩（magnetic dipole moment）和其他量子數。

　　馬約拉納費米子（Majorana Fermion）是一個八十年前提出的假想粒子，它是自己的反粒子，但反向旋轉（helicity），儘管馬約拉納費米子作為基本粒子仍然難以捉摸，但在量子異常霍爾效應已經觀察到它們的固態類似物。被觀察到的不是真正的粒子，而是作為一個超導體中，電子集體行為產生的量子態，即所謂的「准粒子」。

方向性馬約拉納准費米粒子的發現

　　2017 年 7 月 21 日，《科學》（Science Vol 357, Issue 6348）期刊發表了一篇科學報告，題為「絕緣體 - 超導體結構中接觸面上觀察到的手性量子異常霍爾效應顯示的馬約拉納費米子模式」。他們發現的是第一

個手性（Chiral，意為電流環路方向性，電流只沿一個方向沿一維路徑移動，左右不對稱）馬約拉納准費米粒子，而不是第一個觀察到的馬約拉納准粒子，這類可能是馬約拉納費米子的准粒子，早就被好幾個歐美的團隊發現過了，但在這些情況下，准粒子皆被「束縛」、固定在一個特定的地方，而不是像這次的發現，手性准粒子是在空間和時間上傳播。

霍爾效應是電荷在導體內沿著電場移動並在垂直磁場內彎曲，可以用來探測導體的內在屬性。量子異常霍爾效應是霍爾效應的一種，「異常」是指即使在沒有外部磁場的情況下，也能產生有限的霍爾電壓。「量子」是指霍爾電導率獲得與電導量子（$\frac{e^2}{h}$）的整數倍（Boson），或者半整數奇數倍（Fermion）成比例的量化值。

該文作者報告：這個實驗測量到的，是在超導體與拓撲絕緣體接觸面上，建立了二維異質結構，電流沿著樣品邊緣運行，形成一維線路，然後使用外部磁場作為「旋鈕」，隨著外部磁場掃描，在磁化反轉的位置觀察到電導（σ = 電流除以電位差）平臺（$\frac{d\sigma}{dB}$ = 0），出現一個霍爾電導半整數現象（見下圖中的點劃線與四個垂直箭頭所指的地方），給出鮮明獨特的馬約拉納費米子模式屬性，而且發現電流環路方向左右不對稱，這種特性是在許多磁場掃描和在不同的溫度下可被複製的。這個發現可能開闢了一條大道，也許可以控制馬約拉納費米子實施穩健的拓撲量子計算。

馬約拉納費米子的實驗所測量到的是，在超導體與拓撲絕緣體接觸面上量子反常霍爾效應（Quantum Anomalous Hall Effect）出現一個半整數現象，而且發現左右不對稱。手性馬約拉納費米子在凝態物理中，以准粒子的形態被發現，第一次在空間和時間上傳播，是個重要的結果，於是就被宣傳為「天使粒子」。

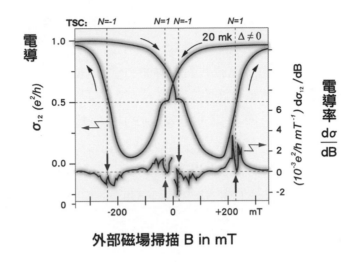

當磁場增加或減弱時，兩個紅色箭頭所指之處，電導率等於零，而且穩定不隨時間變化，導電（自旋）量化等於 1/2，因此它們是費米子。但沒有明確定義的質量或電荷。

真假天使粒子

　　基本粒子和准粒子（即凝態物理裡面的虛擬粒子）的根本差異在於粒子必須具有明確的電荷、質量、自旋、宇稱、耦合常數、電荷共軛與壽命，可以在任何一個空間點，至少瞬間獨立存在並且可傳播，不依靠任何樣品結構、大小、溫度、電壓、磁場等等外界性質。相對的，凝態物理裡面的准粒子只能在特定樣本條件下具有半整數的霍爾電導，只能在特定樣本的凝態系統裡存在、傳播，它不能獨立於樣品（sample），不能到樣品之外的空間裡存在或傳播。樣品的結構、溫度、電壓、磁場和其他性質如果不對，准粒子就無法生存或傳播。

　　我認為傳遞基本力量的資訊是天使的天責，天使不能是他們自己的反天使。馬約拉納費米子是自己的反粒子，這個特性和天使傳遞資

訊的特性沒有關係。更因為這個馬約拉納准粒子不能傳遞一種基本力量的資訊，准量子態又不是粒子（粒子必須具有明確的電荷、質量、自旋、宇稱、耦合常數、電荷共軛與壽命），所以這個馬約拉納准粒子絲毫沒有被稱為天使粒子的條件與理由。

反之，本章第二節與第四節講到的四種規範玻色子（Gauge Bosons）：光子、膠子、弱玻色子與重力子，各自都是四種基本力（電磁作用、核作用、弱作用、重力場）的載體（正如在兩個球員中傳遞的球）。因為這些規範玻色子能夠傳遞基本力的資訊，所以這四種規範玻色子才是名正言順的「天使粒子」。

粒子物理標準模型推導

我曾經就「發現粒子物理定律的方法」這一題目為麻省理工學院的研究生、大學物理系的學生和對物理學感興趣的年輕人，做過多場不同深度的演講。大家都知道按照庫倫或者牛頓定理，能量與距離成反比，距離接近為 0 時，能量就接近為無窮大（發散）。無窮大的能量或者無窮大的發生率，意味整個宇宙以及你我都毀滅了。但是事實上，我們存身的宇宙還存在著，我們也都活得好好的，沒有被毀滅。這說明庫倫或者牛頓定理不夠精準，需要修正，不能有無窮大。一個無窮大去掉了，接著又會有另外一個無窮大出現，又必須想盡方法把下一個無窮大去掉。

在去掉這些無窮大的過程裡，就不停地發現新的物理現象（弱電干擾）、新的粒子（6 個夸克、6 個輕子、3 個弱玻色子、8 個膠子和 1 個 2013 年在 LHC 發現的希格斯玻色子〔Higgs Boson〕）以及它們之間新的耦合常數。希格斯玻色子可以從真空中創造物質，就像上帝從真空中創造世界，這就是為什麼希格斯玻色子被稱為「上帝粒子」。如今

希格斯玻色子質量的計算仍然是無窮大，有如泥菩薩渡人過江，救了世人卻救不了自己，意味著仍有未知的物理現象有待發現。

這一切都被實驗驗證了，這麼一步一步就把整個粒子物理標準模型推導出來了。根據一個準則，能量以至任何事件的發生率不能是無窮大，這是一個有關科學的世界觀和方法論的問題，是發現宇宙基本物理定律的方法。

我們知道銀河系很大，有 10^{11} 個太陽系；宇宙更大，有 1011 個銀河系。太陽和銀河系是如何構成的？當宇宙誕生之後不久，陰陽結合產生了很多中性的氫原子。氫原子跟氫原子為什麼會聚在一起？為什麼不擴散成很稀薄的氣體，為什麼要凝聚在一起成為太陽？成為銀河系？這在科學界裡是個長久存在的謎題。

後來根據銀河系中星體的移動速度，天文學家們發現有暗物質的存在。暗物質均勻地分布在銀河系內，銀河系裡的暗物質顯然數量很大，他們因為某一種原因凝聚在一起，把氫原子吸引而變成銀河系。

這個暗物質是什麼？暗物質很可能沒有強作用、沒有電磁作用、沒有弱作用，只有重力作用。所有的暗物質很可能跟電子、夸克、膠子、光子不發生作用，只有不具自旋的希格斯玻色子與暗物質發生相互作用。如果暗物質是玻色子，就可以聚在一起，像水蒸氣凝聚變成水一樣，是可以凝聚成液體的。變成液體之後，暗物質就可以吸引旁邊看得見的普通物質，然後凝聚成星球或銀河系。所以這樣就可以解釋銀河系形成的原因。

在這一篇結束的時候，我想問大家一個問題：為什麼中國未能首先發展現代科學技術？

我就這個問題和很多人做過探討，人們普遍認為皇帝昏庸，遏制了現代科學技術的發展，我則不這樣認為。我們從歷史知道古代中國

就已有很高的科技工藝，早在春秋時期人們就知道劍用青銅鑄造，為了使所鑄的劍其劍身的韌性和刃部的鋒利剛柔相濟，在不同的部位加入一定量的錫、鉛、鐵、硫等成分。

吳國青銅劍在古代兵器史上佔有重要地位，吳王夫差留下的劍，歷經兩千多年，至今仍寒光四射，削鐵如泥；魯班發明的雲梯，墨子發現針孔成像的原理，後來更有對世界具有很大影響的四大發明，造紙術、指南針、火藥及印刷術，還有騎馬的馬墩、火槍的扳手等都代表著當時最先進的科技水準。

因此，一個很自然的問題就是，為什麼中國未能首先發展現代科學技術？

世界上有很多解釋，我有一個非常獨特的看法，不是像五四運動所說的那樣，由於中國尊重儒家忠孝文化，因為儒學的基本精神體現在科學上就是格物致知。

我認為中國近現代沒有率先發展現代科學技術，是因為一個非常偶然的因素，即中國人過分鍾愛和尊重玉，而鄙視冷感易碎的玻璃。

沉積、深厚的玉文化是中華文化的一個重要組成部分。以玉器為載體的玉文化，深刻反映和影響中國人的思想觀念，同時也深入影響人們的日常生活。人們喜愛玉、收藏玉，特別是禮玉。我們的先人認為萬物皆有靈性，在人們的傳統觀念中，美石——玉是山川精華，上蒼賜予的寶物。

《周禮》更是把璧、琮、圭、璋、琥、璜等玉器作為「六瑞」。

人們相信玉是溫暖、堅硬、圓潤；是純潔無瑕的，玉的種種美好優於冷感易碎的玻璃，認為常用「寧為玉碎，不為瓦全」來形容那些品德高尚的、理想的學者。恰恰是這一點，讓中國人忽略了玻璃的一個重要特性，即純玻璃是透明的，可以轉折光線，製成不同的形狀和大小的產品，最重要的產品是可以放大物體圖像的透鏡。

伽利略（Galilio）將幾副透鏡組合在一起製成望遠鏡。 他利用望遠鏡發現太陽系、眾多行星，包括我們的地球，分別在不同的橢圓軌道上繞太陽運動，而且太陽的位置是在橢圓兩個焦點之一。

　　牛頓後來利用這些資料發展萬有引力以及古典力學，並開始第一次工業革命。望遠鏡是光子放大器，可以說是現在粒子加速器的前身。而這一特點恰恰是玉缺少的。

　　過分愛玉而忽略玻璃的特點，就這麼一個很偶然的因素，成為了為什麼中國未能首先發展現代科技的原因。

反向切倫科夫輻射的研究歷程

—— 賀麻省理工學院物理系陳敏教授八十大壽

本篇作者為四川成都電子科技大學電子科學與工程學院副院長段兆雲

　　我清楚地記得是 2007 年 11 月 22 日（美國感恩節）的晚上，在孔金甌教授的家裡，認識了麻省理工學院物理系的陳敏教授。當時，孔老師給我們介紹了陳老師，說他設計構造垂直雙臂質譜儀，並首先發現 J 粒子的信號，和丁肇中教授等人發現 J 粒子，取得諾貝爾獎的科研成果。我立即對陳老師肅然起敬，這是我平生第一次見到獲得諾貝爾獎成果的大科學家，實在讓我大開眼界。在那次聚會上，由於和陳老師萍水相逢，沒有太多的交流，第一個感覺是陳老師比較嚴肅，是一位典型的具有東方特色的中國知識分子。

　　當時我在孔老師的課題組從事基於超材料（Metamaterial，臺灣譯名為「超穎材料」）的反向切倫科夫輻射的機理研究。此前，陳老師和孔老師作為共同導師指導盧傑（Jie Lu）博士生（他已於 2006 年畢業了）。受中國留學基金委資助，我於 2007 年 8 月 20 日來到麻省理工學院作為博士後，加入孔老師的課題組。由於我在中國從事真空電子學的研究，對切倫科夫輻射機理非常熟悉（因為微波真空電子器件，如行波管和返波管，正是基於切倫科夫輻射），所以和孔老師交流後決定做基於超材料的反向切倫科夫輻射的研究。由於陳老師的研究方向是粒子物理，因此他對切倫科夫輻射機理瞭若指掌（因為他研究的探測器是基於切倫科夫輻射）。

在那次感恩節聚會之後，我就和陳老師通過郵件進行交流，偶爾當面請教他。有時下午在 26 號館三樓會見到陳老師，他在那兒給學生上課（我的辦公室就在斜對面）。在他和孔老師的指導下，經過大半年的努力，我們首次闡明各向異性超材料中的反向切倫科夫輻射的物理機理，說明波向量和坡印廷向量（Poynting vector）並非嚴格反向平行，從理論上推導出反向切倫科夫輻射的輻射條件、輻射角、輻射功率及影響反向切倫科夫輻射強度的因素（如下圖），從而發展前蘇聯科學家維克多（V. G. Veselago）的基於各向同性超材料的經典理論。相對於維克多的各向同性超材料模型，我們的各向異性超材料模型能更加準確預測反向切倫科夫輻射。相關論文發表在《*Journal of Applied Physics*》、《*Journal of Physics D: Applied Physics*》等國際知名期刊上。

隨後，我和陳老師的合作更加密切，在他的指導下，我們又研究了在各向異性超材料填充波導中帶電粒子激發的反向切倫科夫輻射。由於輻射功率大大增強，因而為反向切倫科夫輻射在真空電子器件和粒子探測器中的應用奠定堅實的理論基礎。相關論文在《*Optics Express*》等國際知名期刊上發表。

2012 年，我們提出一種適用於帶狀注的平板型超材料高頻結構，

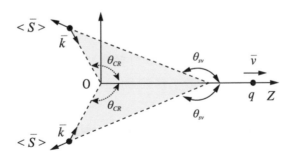

在無界空間中的反向切倫科夫輻射示意圖。
坡印廷（Poynting）能量矢量（S）幾乎與動量流向（k）相反。

發展一種太赫茲平板型帶狀注高功率超材料輻射源。研究表明：相對於傳統的介質材料輻射源，其輻射功率增加 100~1000 倍，相關論文發表在《*Physics of Plasmas*》上。

我們已經從理論上研究無界、半無界、波導情形下的反向切倫科夫輻射的機理，一步步從理想模型過渡到較為真實的模型。自從與陳老師認識以來，我們就希望通過用真實的帶電粒子驗證反向切倫科夫輻射，但是苦於超材料難於實現和表徵，當時與我們競爭的對手是美國洛斯阿莫斯（Los Almos）實驗室的一個研究小組，他們和我們面臨同樣的困難，大約在 2010 年前後，他們就放棄這方面的研究工作。我們堅持還是放棄？經過一番深思熟慮後，我們決定繼續探索。

2011~2012 年，這兩年在如何實現超材料方面幾乎沒有大的突破，但是對超材料進一步加深認識。2012 年 12 月末，受電子科技大學學術帶頭人計畫資助，在陳老師的大力推薦下，我作為高級訪問學者，又一次來到麻省理工學院，加入真空電子學領域的國際著名學者提姆（Temkin）的研究小組和陳老師合作，從事基於超材料真空電子器件的研究工作。就這樣，和陳老師幾乎每週都見面，討論如何推進反向切倫科夫輻射實驗驗證工作。特別是每週四的中午十二點到下午一點是物理系的教師午餐時間，陳老師都把我叫上，既品嚐一頓豐盛的午餐，又聆聽大師的學術報告。此外，我還能和一些教授以及諾貝爾得獎者進行面對面交流，不僅訓練了英語口語，而且提升學術交流能力。我清楚記得有一天中午，我非常榮幸有機會和陳老師、傑爾姆·佛里曼（Jerome I. Friedman，1990 年諾貝爾物理獎者）等教授同桌，一起交流。

在 2013 年，我還就超材料的一些問題與麻省理工學院機械系的方絢萊教授、徐俊（Jun Xu）博士交流，探討如何實現適合真空環境的左手材料。這樣，經過近一年的探索，在陳老師、提姆（Temkin）老

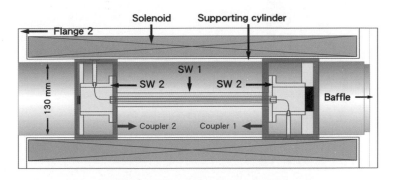

驗證反向切倫科夫輻射的超材料示意圖

師、夏皮羅（Shapiro）博士的指導下，我們終於提出一種適合於真空環境的新型全金屬超材料，通過有效媒質理論、色散特性和傳輸相位特性證明其「左手」特性。

2014 年初，我返回中國電子科技大學，繼續帶領博士生進行攻關，設計了一種適合於該左手材料的新型能量耦合器。陳老師經常用 E-Mail 與我進行研究上的交流，鼓勵我們堅持下去。經過大約一年多的努力，我們終於在 2015 年下半年採用真實的帶電粒子實驗上，首次觀測到左手材料中的反向切倫科夫輻射，隨後發現通過改變帶電粒子的動能來調諧該新型電磁輻射的頻率。至此，左手材料中的三個新奇電磁特性已全部被實驗所證實，從而徹底解決左手材料中的三個新奇電磁特性中的最後一個世界難題。

我們的原創成果於 2017 年 3 月發表在《Nature Communications》（自然通訊）上。值得一提的是，由於陳老師的國際學術影響力，陳老師、紅勝和我應邀於 2015 年 7 月在《Nature Nanotechnology》上撰文評論美國科學院院士、哈佛大學講座教授 卡帕索（Capasso）小組的研究成果，為此深感榮幸。

我借這個特殊的機會，來表達我對陳老師教導的感激。他作為一

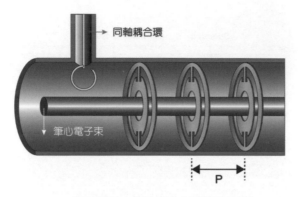

一種新型反向切倫科夫振盪器示意圖

名導師，在我遇到困難準備放棄的時候，不斷地給我莫大的鼓勵和支持，為我指明前行的方向。毫不誇張地說，沒有陳老師的長期指導和鼓勵，我們不可能首次採用真實的帶電粒子觀測到新奇的反向切倫科夫輻射。這就是學術大師的人格魅力和學術影響力。

作為一種新型的電磁輻射機理，左手材料中的反向切倫科夫輻射在真空電子學、加速器物理、光學、材料學、空間科學、電磁生物學等領域具有重要的應用前景。目前，我的研究小組正在致力於超材料真空電子學的研究，相關論文已發表在《*Applied Physics Letters*》、《*IEEE Transactions on Electron Devices*》等國際著名期刊上。值得一提的是，陳老師指出傳統切倫科夫輻射的傳播和粒子速度同向，不可避免地會給信號探測帶來干擾，如果採用左手材料，切倫科夫輻射方向與粒子運動方向呈鈍角關係，從而可以有效分離粒子和輻射信號，減小粒子探測器的干擾，提高探測靈敏度。由於我對粒子探測器不熟悉，沒能實現新型的左手材料粒子探測器，深感遺憾。

陳老師淡泊名利，潛心學術研究，取得發現 J 粒子和膠子等舉世聞名的學術成果，近十多年來又帶領我們在反向切倫科夫輻射方面取得了重大突破。他作為一名世界級的頂級科學家，現在還沒有退休，依

在成都與陳敏老師合影（2016 年 12 月 16 日）。

然還為本科生上「電動力學」等課。他的敬業精神深深感染著我，鞭策著我。作為一名華裔物理學家，他提攜後學，盡可能招收中國留學生和訪問學者，同時為中國的高能物理事業不斷建言，助推中國大科學裝置的快速發展。他興趣廣泛，在中國文學特別是詩詞、經濟學等方面造詣頗深。作為學生，我深深被他的淵博學識所折服，不禁感歎道：高山仰止，景行行止，雖不能至，然心嚮往之。

2016 年 12 月，我非常榮幸邀請陳老師及師母訪問中國電子科技大學。他向全校師生做了兩場精彩的學術報告（「重大科學探索方法」和「科學與人文的關係」），電子科技大學原校長劉盛綱院士、時任校黨委副書記（現為校黨委書記的王亞非教授、時任人力資源部部長（現為副校長）的胡俊教授分別會見了陳老師及師母。

光陰似箭，日月如梭，與陳老師相識已快十三年了，我們之間的師生情誼與日俱增。「滴水之恩，當湧泉相報」，這是我們中華民族的美德。在陳老師八十大壽來臨之際，特寫下此短文，以表達對陳老師的生日祝福。

祝願陳老師：八十陽春豈等閒，幾多辛苦化甘甜；老來古稀孫滿堂，人間福氣在古稀。

第三部

人文中的科學

四　科學與哲學中的宇宙觀

　　接下來我要講科學與哲學中的宇宙觀問題，如何用科學的方法來解釋中國古代哲學中的宇宙觀。追求真理，不僅僅是科學的使命，也是哲學和人文科學的使命。我希望大家會認同我這樣的觀點：求知是快樂的。因知無涯，故樂也無涯。

▶▶ *4-1*

有涯與無涯

　　《孔子世家》裡面有一個故事說，早晨的太陽越大就離我們越近，中午的太陽越熱就是離我們越近。有沒有問題？一個是越大越近，一個是越熱越近。你們認為哪一個比較近？孔子的回答是：「我不知道。」孔子的態度是「知之為知之，不知為不知」。

　　現在我們當然知道中午的太陽比較近，而且還知道近了足足有一個地球半徑之多，這是用科學非常精確計算出來的。我說這個是因為我很贊成孔子的態度：「知之為知之，不知為不知，是知也。」這是難能可貴的做學問以及做研究的態度。

　　可是孔子錯過了一個進行科學實驗和觀察自然的機會：從這兩種相互矛盾的觀察，可以演繹出天文學、光學及熱學。孔子只是把這兩

太陽在中午更靠近地球一個地球半徑圖。

個相互矛盾的觀察記錄下來，可惜他沒有帶領學生對這具體而微的現象進行深入的研究，他的關注點不在於解決這個疑惑，而在於探討和闡釋關於「知」的哲學問題。

　　兩千年來，後人認定孔老夫子不知道的事情，我們一定也不會知道。對於這樣的一個科學問題居然視而不見，聽而不聞，不去想其中的道理，這就錯過了進行科學研究的機會。

　　六年前，波士頓有三位女性作家[1]兼中文老師在編寫《愛瑪穿越中國》一書時，他們來向我請教這個孔子跟太陽遠近關係的問題，問我結論到底是什麼？我給她們畫了一張圖以及解釋以後，她們恍然大悟。

　　中國古代有很多重要的科學發現，但是古人往往都在歸結於哲學的領悟之後便止步了，他們從這些現象走向哲學之道，大多沒有繼續深入進行科學研究。中國科學主要學什麼？學邏輯，學的是推理方法，學觀察，學的是做學問的方法。科學家跟偵探很相似，《中庸》說：「博學之，審問之，慎思之，明辨之，篤行之。」就是做學問的過程，像偵探一樣。老子說：「道可道，非常道。」這個「常道」意思是「最終的真理」。這句話是正確的，可是然後呢？因為我們能講的「道」不是完善的「道」，就不用去想，不用去研究嗎？這個結論是錯誤的。比如去遊黃山，明知自己的腳力到不了光明頂，是不是就根本不用去旅遊呢？肯定沒有一個人會同意這樣的觀點。爬山，重在看一路的風景，在於這個過程。

　　在科學領域，宇宙的基本定律是可以「道」的，怎麼一個「道」法呢？科學的「道」法，就是一個多變數的泰勒級數的展開，即：

　　非常道 $1 + C_1 x + C_2 x^2 + \cdots + C_n x^n + \cdots, x < 1$

---

1. 李錦青、李娜、孫蘭。她們為了提高漢語學習者的閱讀水準，合作撰寫一系列科幻讀物，《愛瑪穿越中國》、《愛瑪學成語》等書，由中國華語出版社出版。

這裡 x 可以是一個包括許多變數的向量，x 每增加一個新的變數，就進入一個新的領域。如果 $x < 1$，每多計算一個項目，就多一分精準，這存在著很大的應用價值。用上述的邏輯，「非常道」就可以逐漸趨近於「常道」，以這樣的角度來看，兩者的對比將更有深度。

　　智能物理學（The Physics of Intelligence）是使用物理學及嘗試和錯誤的方式來模仿人類大腦結構的一門學問，透過逐步的或者跳躍性的推理，處理不完整的資訊以達成理性地思考和行動，最近這種高科學的人工智能有極大的進展。《莊子·天下篇》其中有一句名言：「一尺之極，日取其半，萬世不竭。」我們很多人都把這個觀點奉為圭臬。如果我們從現代科學的角度來看，這是很不科學的。

　　為什麼這樣說呢？因為假若一根尺裡面有 n 個分子，用刀砍很多天之後，只剩下一個分子，一個碳氫化合物，最後再把這個分子切一下，變成氫氣與二氧化碳，一根尺就這麼沒了。莊子之所以這麼說，是因為莊子不懂得分子物理。如果我們不懂分子物理，就會覺得莊子是大哲學家，是一個名人，他既然這麼說，一定是有道理的，一定不會錯的，這樣，我們就要跟著莊子出錯了。

　　所以我們學古代的哲學需要活用，上面講到老子與莊子的話是有錯誤的，所以我們今天學習的時候要修正它。我很欣賞莊子與老子的生活態度，可是對於消極的結論並不贊同。我們要把時間、空間重新定義。莊子那個時代不懂得分子物理，所以可以容許犯錯，現在我們已經懂得分子物理，如果依然置而不顧，再犯同樣的錯誤，是不可以的。莊子說的：「吾生也有涯，而知也無涯，以有涯隨無涯，殆已。已而為知者，殆而已矣！」這部分描述我都贊成，這是對的。我們的生命都是有限的，假如我們的生命只有一百歲，是有限的，知識是無限的，用有限的生命是不可能掌握無限的知識。人不能掌握無限的知識，卻自以為是大智者，非要人們把他當做大智者，就真的危險了。

但這個通常引申的含義是，「因為不可能掌握無限的知識，就不必要去追求無限的知識」，我十分不贊成，因為我覺得追求知識的過程中，每天都有新的領悟或發明，使我們的生活日新月異，這是其樂無窮的。

我現在把莊子說的話改成這樣：

「吾生也有涯，而知也無涯，以有涯隨無涯，取之不盡，用之不竭，日新月異，其樂無窮，因知無涯，故樂也無涯。」

很多大學的校訓都有「求是」、「求真」、「求實」、「創新」這樣的字眼，如果我們不追求創新，不求真理，這個世界就不會有科學的發現、人文的發現和文明的進步。

科學的宇宙觀

什麼是宇宙？

宇宙是物理學和天文學的研究對象，同時也是人文科學極為關注的對象。「宇宙」這個詞語來自中國古代，「上下四方曰宇，往古來今曰宙。」戰國時期的《屍子》一書曾對「宇」和「宙」做出這樣明確的解釋。這個定義跟我們現在對「宇宙」的定義非常接近。當然時間跟空間現在已經變成四度空間，在重力場的影響下，時空已經成為一體。

莊子也對宇宙的定義做過說明：「出無本，入無竅。有實而無乎處，有長而無乎本剽。有所出而無竅者有實。有實而無乎處者，宇也；有長而無本剽者，宙也。」莊子這裡的「宇宙」，指的是空間實際存在卻無法確定其處所位置（宇），時間不斷延長沒有始終（宙）。西漢時期的《淮南子》裡也有這樣的句子：「往古來今謂之宙，四方上下謂之宇。」

可見，「宇」是一個空間概念，「宙」是一個時間概念。

關於宇宙，現代科學能告訴我們一些基本的知識，但必須承認我們對宇宙的瞭解還非常有限。對宇宙的瞭解，我們先從以下三個內容來談一下。

一、太陽系

我們的太陽系中，每個行星繞太陽旋轉的速度，與此行星到太陽的距離的平方根成反比，表明兩者之間的空間是真空。

　　如上圖所示，這是我們的太陽系：水星、金星、地球、火星、木星、土星、天王星、及海王星等八大行星。這裡我想要闡釋的是火星，也許是我們的未來，而高溫的金星很可能就是地球的過去。

　　從已經掌握的資料，我們知道金星是非常熱的，火星是一片荒漠，空氣只有地球的1%，也沒有水，只有少量的冰。從火星在二十億年前掉到地球的一塊隕石上分析得出的結論是：火星在二十億年前是有水的，而且水和氧氣都比地球還要多。為什麼現在火星什麼都沒有，變成一片荒漠了呢？火星為什麼叫做火星？因為它是紅色，它含鐵，表面有一層薄薄放射性的鐵。為什麼會有這麼一層薄薄的、放射性的鐵遮蓋了火星呢？這是個大疑問。結論有兩個可能：一個是某種很大的能量打中了火星，把火星給燒乾了。另外一個可能是，如果有一百萬個氫彈同時爆炸，就可以產生足夠散布到整個火星上的放射性鐵。

大家知道現在地球上有多少顆氫彈嗎？大概有一萬多顆。但是我們不知道一萬顆氫彈爆炸的時候會不會產生連鎖反應，誘導產生相當於一百萬顆氫彈的爆炸使得地球變成火星，所以人類千萬不要來一個核戰爭！

現在的火星內部幾乎已經凝固，熔漿與磁場都很小，又缺少了一個月亮來引導潮汐，所以火星沒有地震、海嘯和颱風。自然災害在地球上是必然存在的，它們的存在，證明了地球是活的。如果到了沒有地震、海嘯和颱風的時候，地球就死了，人類也會滅絕。所以我們要設法與自然災害共存，不要去詛咒它們。

所以生與死、成與敗、好與歹，都是相對應而存在的。中國古代的道家哲學講「道法自然」，就是要順應自然的運行規律和現象，不能破壞自然，「逆天」行事。

二、銀河系

八大行星有一個基本的關係：它們的速度與和太陽距離的平方根成反比。這表示什麼呢？表示牛頓萬有引力的存在，所有的行星都是被太陽所吸引，而相比於行星和太陽間相互的吸引力而言，行星之間的吸引力小到可以忽略不計。而太陽系內部除了八大行星外，其餘大多空間都是真空無物的，我們以為走出了太陽系，外面同樣也是一片真空，什麼都沒有，不過事實與我們的認知是相反的。麻省理工學院有兩個太空船一走出太陽系，就發現銀河系有巨大的壓力打在太空船上，所以太陽系外面並不是什麼都沒有。太陽系就像一個小湖泊，當你坐一個小船從小湖泊進入長江，你會發現長江的水流跟小湖泊相比湍急許多，所以銀河將來會很重要。

太陽

我們的銀河系：小點是我們的太陽。北指向銀河中心，東則指向其沿順時針螺旋方向。恆星的速度與它到銀河系中心的距離無關，這表明銀河充滿了暗物質。

　　這是我們的銀河，銀河不是一個球，也不是一個扁平的碟子，銀河有一圈一圈螺旋狀的分布。太陽處在一個螺旋轉動星流的邊緣，不太深入，也離得不太遠。幸好我們沒有在銀河擁擠的平面裡，否則很有可能被別的太陽吸引干擾，天無二日是我們必要的生存條件。中國古代有個「后羿射日」的神話——古時候天上有九個太陽，地上熱浪蒸騰，植物都被燒焦了，民不聊生，於是神射手后羿就用弓箭射下了八個太陽，只留下一個在天上，這樣人間才得以安寧。

　　以科學看來，確實如此。天無二日，假如有兩個太陽，我們的世界、日夜都會被破壞，人類是很難生存的。幸虧我們的太陽是在銀河平面的邊緣上，它是上下擺動的，當太陽經過這個平面的時候，也許就是很多彗星大撞地球的時候。每隔六千萬年，我們的地球會經歷一次種族大滅絕，這很可能就是太陽搖擺的半週期。

　　什麼是東呢？基於地球和太陽系來看，就是太陽升起的方向；基於銀河系來看呢？東是我們太陽系沿著銀河旋轉的方向。

同樣，什麼是北呢？北是垂直於太陽系沿著銀河旋轉平面的方向，它指向銀河的中心。所以我們把眼光放大，就知道東和北不單單是由地球來決定，也不單單是由太陽來決定，東和北是由銀河系來決定的。在這銀河系裡面有一千億顆太陽，一千億個太陽系，所以銀河是大得不得了的。

所以，在宇宙中，基於更大的視野和更高的基點來看我們存身的世界，你會有不同的感悟和發現。從一個異於我們正常經驗和認知的領域，以一個更加高遠的角度來思考問題，我們的世界觀和生活方式也許就會有新的變化。

三、暗物質

銀河中心有一個很大的黑洞，所有的星都繞著它在旋轉，而這些星的旋轉速度與它們到銀河中心的距離幾乎沒有關係。這跟太陽系的行星不太一樣，太陽系的行星旋轉速度與到太陽距離的平方根成反比。

這說明什麼呢？銀河系除了我們這些能看得到的發亮物質外，還存在著大量看不到的暗物質。我們怎麼知道這些暗物質存在呢？就是看星星。假如一顆星在繞著什麼旋轉，就表示這裡頭一定有什麼物質使它這麼旋轉。從星星的旋轉速率，我們可以推算出有多少暗物質在裡頭。

我們有肉體，也有靈魂。柳宗元的澗中題詩中有「去國魂已遠，懷人淚空垂」的句子，這個「魂已遠」的狀態，就是身體和靈魂分離的狀態。有一句成語「靈魂出竅」，我舉個例子：A 與 B 兩個人，他們快跑對撞的時候就會靈魂出竅，因為 A 與 B 對撞到一起的時侯，他們的肉體停下來了，但靈魂停不下來，會繼續向前跑的，靈魂是摸不到、看不到的，它就繼續向前跑，所以雖然「靈魂出竅」只是個成語，但可以用

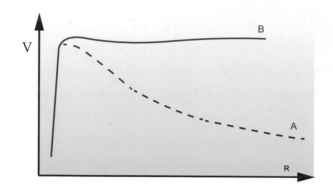

A. 每顆行星的速率 v 相對於 R（其與太陽的距離），$v = \sqrt{GMR}$，其中 M 是太陽的質量，G 是萬有引力常數，v 與行星質量無關。表明太陽的重力在太陽系中占有絕對的優勢。
B. 每顆恆星的速率 v 與 R（其與星系中心的距離），表明暗物質均勻分布在我們的星系中，且它們對所述恆星的吸引力遠遠超過了所有可見恆星（包括黑洞）的吸引力。

來解釋星系間發生的事件：可見物質與暗物質分開的情況。

我們看這個暗物質靈魂出竅圖，這個紅色就是兩個銀河系對撞。它們對撞的時候，可見的物質，速度減慢，滯留在中間，可是這些暗物質是沒有電磁作用力的，所以就繼續向前跑，兩團暗物質就像靈魂出竅一樣，分別各自跑出了兩個可見的銀河系。

碰撞星系團給我們提供了關於暗物質最強的例證，星系群集的圖像以暗物質疊加在下方子彈星系碰撞圖的藍色部分。如果沒有暗物質存在的話，就無法解釋一系列我們所觀察到的這些恆星的速度了。

此子彈團星系碰撞圖顯示，碰撞而留下的可見物質和暗質量因慣性而繼續向前移動[2]：可見的物質與暗物質在兩個銀河系碰撞的時候就分開了，這是目前能夠證明暗物質存在的最強證據。中國最近花了很

---

2. https://en.wikipedia.org/wiki/Bullet_Cluster#/media/File:1e0657_scale.jpg

靈魂出竅圖

子彈銀河系由於碰撞而顯示的暗物質圖紅，黃色的是可見的銀河系，藍色的是從周邊的星速計算出來的暗物質。

多時間和精力在設計一個實驗來尋找暗物質，中國清華大學與上海交通大學也都在找這個暗物質，這是一個很了不起的艱難工作，他們現在還在找。史蒂芬‧霍金（Stephen William Hawking）寫了一本書，他說：「重力創造宇宙，不是上帝創造宇宙。」我就寫了一封信問他，那麼是誰創造了重力呢？是不是上帝創造了重力？我在信中也舉了一些實驗的證據，來證明牛頓的重力創造宇宙很難解釋宇宙中銀河系分佈不均勻的結構。

　　什麼是重力創造宇宙？就是宇宙大爆炸之後，創造了很多很多的氫原子，這些氫原子互相吸引就變成了太陽（也許是透過暗物質），太陽互相吸引就變成銀河，銀河裡面的星互相吸引就變成了黑洞。這個理論最後就是黑洞把整個銀河都吸了進去，整個銀河系就變成了一個黑洞，這就是銀河的死亡。這麼說，黑洞不就如同金庸小說《天龍八部》裡的北冥神功，能吸取他人（天體）內功（質量、能量）。可是這個理論也許是不精確的。

　　為什麼不精確呢？因為我們的銀河其實是在一個拉尼亞克超結

構³裡面，下圖這一小點就是我們的銀河，我們發現有幾百個銀河是朝著同一個方向在移動的，所以這裡的每一條線包含著幾千甚至幾萬個銀河，它們不是在那邊亂動，而是沿著一條條不相交錯的曲線朝著一個超級吸引子的方向在移動。這樣的超結構體最後也可能被這導致宇宙膨脹的暗能量所撕裂。

我把這個大結構叫做「鳳凰」，這像一個頭，有兩個翅膀，有個尾巴，有個身體，長得像一隻鳳凰。這個大結構裡面有一百萬個銀河，而且這一百萬個銀河不是隨機分布的。其中的黑點，就是我們銀河所在的位置。每一條白色的細線都有千千萬萬個銀河。那些白色的細線，同時也是銀河移動的方向，大家都很有規律地在移動，好像小溪匯成小河，小河匯成大江。假如物質是遵循重力場的原則來分布的話，應該很均勻地分布在這一空間，因為它們都是由氫原子互相吸引而構成的。結果不然，它們是有很明確的結構分布。這一百萬個銀河系長得像一隻鳳凰，別的一百萬顆銀河系又長得像別的樣子，這一堆一堆的銀河系都不是很均勻分布，有很多地方根本什麼都沒有。這表明宇宙不單單只靠牛頓的重力場產生，而是還有其他因素。

而且黑洞沒有導致銀河的死亡，反倒可能導致了銀河的誕生。假如在宇宙大爆炸之後會產生很多黑洞，黑洞是沿著這一條線分布的話，那麼這個黑洞就吸引著旁邊很多的東西成為了銀河。這個想法與霍金的想法正好相反。黑洞也許不是銀河的終結者，而是銀河的誕生者，因為有了黑洞，它把很多的太陽系吸到一起，成為銀河。

我前面講了要把時間與空間重新定義。莊子的時間、空間定義是不正確的，是不精確的。《星際之門》是很多人喜歡的電影，有人問

---

3. https://en.wikipedia.org/wiki/Laniakea_Supercluster
   https://arxiv.org/abs/1409.0880

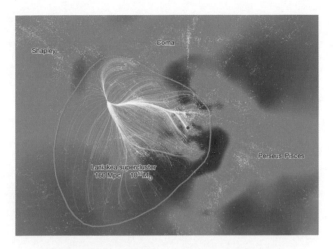

超結構體鳳凰結構圖。小藍點是我們的銀河系。
本圖由美國天文學家布倫特‧塔利（R Brent Tully）授權使用。

我，有沒有「星際之門」？因為這樣，我們得以跟古代的美女俊男約
會。近些年中國影視作品很流行穿越劇，人們因為一些稀奇古怪的原
因就穿越回到古代。這個「穿越」的過程就像進入一個黑洞，在黑洞
內時間與空間得以重新定義，就跟宇宙大爆炸一樣，重新開始。但是
科學可沒有文學家虛構的穿越劇那麼好玩。在穿越劇裡，人物穿越之
後還有現代人的記憶和思維，肉身實實在在地生活在古代。可是在科
學的角度上，那個時候人類身體裡的細胞早已經被拆散成夸克和膠子
了，當然也就沒有任何的記憶了。時間空間可以重新被定義，但是人
的記憶不再存在。也就是說，那個你已經不再是原來的你了。對於愛
看穿越劇的人來說，科學就是這麼「殘酷」和「不好玩」。

　　所以，我們用科學的思維視角和研究成果來審視古人的世界觀、
宇宙觀，就會發現他們雖然有了不起的大發現，但也有一些發現和認
知是錯誤的。當然我們今日要嘛太迷信古人，要嘛科學認知還沒趕上
古人，所以任由一些錯誤的觀點和見解一直延續下來，信以為真。因

此，今天的科學發現，尤其是批判性的科學思維方法，對於我們認識世界，審視我們的宇宙觀、哲學觀和人文科學，都是很有幫助的。

今天我們無論是從事科學研究還是從事人文活動，都需要建立在所有科學成果的基礎之上，要基於科學的、批判性的思維方法，我認為這一點很重要。

▶▶ *4-3*

古代宇宙觀與當代科學

　　宇宙極其奧妙，至今科學家們都一直在努力發現宇宙更多的奧祕。而古人在沒有科學儀器的情況下，就已經對宇宙的形成和構成有了十分有趣的認識，令現代的人感到不可思議。提到古代的哲學以及宇宙觀，我要講一下中國古代的太極圖。

　　什麼是太極圖？最重要的就是無極生太極。用科學來解釋什麼是無極，無極就是真空，什麼都沒有。宇宙開始的時候就是什麼都沒有。

　　什麼是太極？太極就是突然從真空產生構成萬物最基本的物質：夸克[4]與膠子[5]。這像夸克與膠子混合的湯，千萬別喝這個湯，因為整個宇宙就在這個湯裡面。我把它畫成灰色，夸克與膠子是分不開的。

　　太極生兩儀。什麼是兩儀？以科學的觀點來解釋，兩儀就是質子

---

4. 夸克（quark），又譯「層子」，是一種基本粒子，也是構成物質的基本單元。夸克互相結合，形成一種複合粒子，叫「強子」。強子中最穩定的是質子和中子，它們是構成原子核的單元。夸克有 6 種，其種類被稱為「味」：上、下、魅、奇、底及頂。上夸克和下夸克的品質是所有夸克中最低的。較重的夸克會通過粒子衰變的過程，來迅速變成上夸克或下夸克。上夸克及下夸克一般來說很穩定，所以在宇宙中很常見，而奇、魅、頂及底則只能經由高能粒子的碰撞（例如宇宙射線及粒子加速器）產生。夸克每一種味都有一種對應的反粒子，叫「反夸克」，它跟夸克的不同之處，只在於它的一些特性跟夸克大小一樣，但正負不同。夸克一詞由蓋爾曼教授取自詹姆斯・喬伊絲的小說《芬尼根的守靈夜》裡的「向麥克老人三呼夸克（Three quarks for Muster Mark）」。

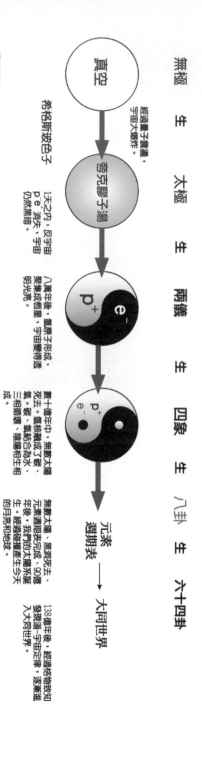

真空

開始計時
t=0

經過量子震盪，
宇宙大爆炸。

夸克膠子湯

希格斯玻色子

沃之內，反宇宙
p̄ e⁺ 消失，宇宙
仍然黑暗。

八億年後，氫原子形成，
聚集成恆星，宇宙變得
明光亮。

數十億年中，無數太陽
死去，靈核聚成了氦、
鋰、氧、氮結合為水，
三相循環，陰陽相生相
成。

元素週期表 —— 大同世界

無數太陽，元素週期表完成，異瑞死去、
元素週期表完成，90種
年後，我們的太陽系誕
生，經過咱權產生今天
的月亮和地球。

138億年後，經過格物致知
發現這一宇宙定律，逐漸進
入大同世界。

從真空到八卦的宇宙變化圖

與電子，陽是質子，陰是電子，陰跟陽加起來就是整個宇宙。中國古代對陰陽的概念，可以是日、夜的更替；可以是晴、雨的輪換；可以是男、女的性別；可以是剛、柔的特質……陰一陽是相輔相成的，是宇宙間最基本的規律。陰陽、兩儀是太極八卦中的一環，從靜態的兩儀到生生不息、動態的四象，是很大的進步。

除了陰陽理論之外，中國古代的五行思想也對物質的性質做了簡要描述。陰陽、五行中，相輔相成、相生相剋的觀念，是中國古代思想家對自然規律的一種解說，他們以此來說明世界萬物的起源和變化，因而具有重要的意義。但我要說，五行思想不是最終的真理。孔子整理的《易經》裡的六十四卦是對做人的方法與態度的精闢解說。陰陽、五行與六十四卦都是對人與宇宙的一種認知和解說，而不是用來算命。今天那些講國學、中國傳統文化的專家一講到陰陽五行，講到《易經》，往往會往算卦上扯、往命理上扯，在我看來，這就有些膚淺了。

這五十年來，我講解粒子物理，是以一張宇宙基本構成物與時間的變化圖開宗明義。早在中國古代就認為宇宙的基本結構物是五行——金、木、水、火、土。古希臘的四元素說，認為萬物由四種物質元素——土、氣、水、火——組成。近代科學慢慢發展出元素、分子、原子、核子、粒子理論，一步一步地更加精準地認知了宇宙的基本構成物。

粒子物理開始階段，人們只發現電子與質子這兩個粒子。到了二十世紀七〇年代，所發現的粒子數量已經達到幾百種，丁肇中與我在 1974 年發現 J 粒子，證實這幾百種粒子都是由 6 種夸克所構成，這 6 種夸克

5. 在物理學中，膠子是一種負責傳遞強核力的玻色子。它們把夸克捆綁在一起，使之形成質子、中子及膠子其他強子。膠子的電荷為零，但自旋是 1。它們通常假設為無品質，但亦可能有大至幾百萬電子伏特（MeV）的品質。膠子是維持原子核穩定的重要一環。1979 年，麻省理工學院的陳敏教授發現了膠子。

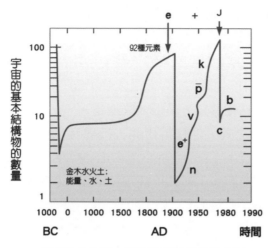

構成宇宙的基本建築物隨時間的變化圖

和6種輕子（如電子）就是現在人們所公認宇宙最基本的結構物。

　　所以，大家要知道這一點：宇宙最基本的結構物，不是五行的金木水火土，不是古希臘的土氣水火，而是6種夸克和6種輕子。這一點大家要清楚地記在心裡。如果將「道生一，一生二，二生三，三生萬物」的古語以現代科學理論加以詮釋，應該是這樣的：

　　道（無極、真空）生一（太極＝6種夸克和6種輕子＋8種膠子的混合物），一生二（兩儀＝陰＋陽＝電子和質子），二生四（四象＝一些很輕的元素，氧和碳等等），四生八（八＝八卦，原子週期表），八生萬物。

　　我這樣說，不是要顛覆古代聖賢傳下來的世界觀和宇宙觀，而是希望通過科學來詮釋古人的這些思想觀點。中國古代哲學很了不起，很早就提到宇宙的形成過程：太極生兩儀，兩儀生四象、四象生八卦……我們今天從科學的研究成果來審視的話，會看到中國古代哲學與現代科學的驚人契合之處。

138億年前，宇宙有一次大爆炸，從無到有，這是一個從無極到太極（夸克與膠子）的過程，然後到兩儀（電子與質子），再到四象（一些很輕的元素，像是氧和碳等、太陽、光與水），接著到八卦（92種元素，天地），如此等等。

　　首先，無極就是真空，由於量子振盪，進入大能量的假真空狀態，假真空有如微波爐煮水，有時水溫已經超過沸點，仍然不沸騰，稱為「假液體狀態」，用手一碰，水即全面沸騰爆炸。假真空隨即發生大爆炸，經過希格斯玻色子產生一些我們現在還不知道的粒子，這些正反宇宙的粒子是幾乎對稱且同時存在，然後衰退成充滿夸克與膠子的太極。

　　太極是一個不分電荷、陰陽、粒子的混沌世界，太極開始時的宇宙雖然很小，但卻像一棵大樹的種子，包含整個宇宙以後發展的程序與結果，它以遠遠超過光速的速度急速膨脹，在0.02秒內，從一個小點迅速擴展到幾乎接近於當前宇宙大小的規模。在膨脹的過程中，又因放出來的巨大位能，產生許多次局部的區域爆炸，造成今日宇宙銀河系群不均勻的結構。在衰退為太極的過程中，所產生的正反宇宙的粒子是不對稱的，反宇宙的粒子很快就會被消滅，它們如果不消滅，我們人類是不可能生存的。太極迅速冷卻後，帶電荷的粒子，電子與質子便誕生了，變成陰陽「兩儀」（電子＝陰，質子＝陽），在這個時期裡，電子與質子的動能還是很高，他們相互劇烈撞擊，如同暴男悍女，各不相讓，放出來的光立刻就被別的電子與質子吸收，所以宇宙是黑暗的。

　　宇宙大爆炸八萬年後，「兩儀」進入「四象」：電子與質子的能量漸漸降低，漸趨溫和，由於正負電荷互相吸引，電子與質子產生中性的氫原子，氫原子互相吸引聚集產生第一代的星球，星星利用核融能發光，光＝陽，宇宙開始明亮了。氫原子經過核子反應融合成為碳與氧原子，氫氧結合為水，水＝陰。水分子構成的冰、液體水與水蒸氣這三種形態，在陽光的影響下，周而復始的循環。液體水蒸發為水蒸

氣上升，這個過程叫做陽。水蒸汽遇冷下降變成液態水的過程，又叫做陰。為什麼「陽中有陰，陰中有陽」是非常重要的一環？韓國的國旗上便有像「兩儀」的圖案，若如同兩儀這般樣子，陰陽相隔互不溝通就沒有動力，不過四象就有動力，因為陽中有陰，陰中有陽。

我舉一個很簡單的例子來解釋「陰生陽、陽生陰」的重要性。天上的雲一小朵一小朵的叫做雲朵，有一朵雲把太陽光擋住了，太陽光不能照到海上，海上面就沒有水蒸氣，陰變成陽。這朵雲過去後，太陽又照到海水上面，產生水蒸氣，水蒸氣上升，又變成雲，陽變成陰。所以陰生陽，陽生陰，陽中有陰，陰中有陽，循環往復，這樣一來，簡單的微生物才得以生長。

接著我們來看太極陰陽四象圖，陽中有個小小的陰的種子，陰中有個小小的陽的種子。誰是這個種子呢？我們在西方介紹東方的哲學，將來也在東方介紹西方的哲學，將東西方的文化融會貫通，促成

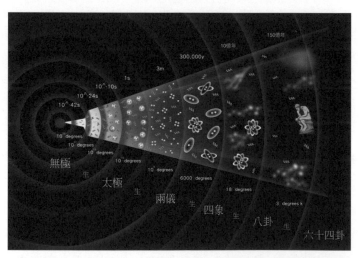

宇宙壽命圖：宇宙隨著時間膨脹，水平軸是時間（138 億年），垂直軸是距離（920 億光年）。從無極到太極，太極到兩儀，兩儀到四象，四象到八卦，八卦到六十四卦；當今的高度文明，大同世界。

世界的和平與繁榮，我們就是這個傳播文化的種子，這是你們所有讀者今後的使命。

下面說一說我對古代哲學裡「八卦」的理解。

宇宙大爆炸九十億年後，由於無數顆太陽與黑洞的死亡，92 種元素才得以製造完畢，第二代的星球（包括我們的地球與太陽）才產生，這時天地形成，日月就位，八卦完成。

又經過幾十億年的變化，依賴日月之精華，陰陽不停地輪換，經過凍冰、溶冰，將頑石化為土壤，最後再借助雷電潮汐的能量，萬物才開始生長。至今天為止，宇宙已誕生 138 億年，其直徑有 920 億光年，宇宙膨脹的速度比光速大了好幾倍。我畫左頁圖來表示它。

宇宙大爆炸後，在 0.01 秒之內就急速膨脹，一天之後反宇宙被消滅進入「兩儀」。宇宙剛產生的時候是黑暗的，八萬年之後進入四象（氫原子），才漸漸有光。因為帶電的質子與電子結合成氫原子，而氫原子又是中性的，這樣一來，光才可以透得過去。

《聖經》記載，上帝第一天說「要有光」，於是就製造了光。這在科學家看來是不科學的，因為「製造光」需要八萬年的時間。《聖經》說第一天神就製造了天地，我們的地球是九十億年之後，由於無數顆太陽與黑洞的死亡，進入「八卦」後才產生的。

宇宙大爆炸之後，宇宙只有一種作用力，後來慢慢地衰退成為我們現在所說的四種作用力：核作用、電磁作用、弱作用和重力作用。光速是由電磁相互作用的耦合常數來決定的。在宇宙大爆炸開始的時候，宇宙的作用力遠比我們現在的作用力大，所以那個時候宇宙膨脹的速度比現在的光速要大。

那麼，要怎麼從無變到有？宇宙大爆炸之時，它首先產生希格斯玻色子。希格斯玻色子與希格斯玻色子相互作用，很快地生成了當時最重的物質──頂夸克與反頂夸克。這個從無到有的過程，怎麼證

實？我們就從庫倫定理開始，當距離等於 0 的時候，能量是無窮大的，宇宙就毀滅了。但是宇宙並沒有被毀滅，顯然能量不可能無窮大。反過來說，當兩個物質不停地靠近時，新物質會不停地從真空跳出來，使得庫倫定理永遠不能變得無窮大。從電子兩磁極的強度已經證實從無到有的過程是存在的，而且這樣的過程一定會不停地發生。

我們再回過頭看宇宙膨脹速度遠大於光速這件事，我們的宇宙直徑有 920 億光年，不過年紀卻只有 138 億歲，這也就表示宇宙的膨脹速度約為 4 倍的光速，其原因就是當初的耦合常數遠大於現在的耦合常數，所以在那個時候信號傳遞的速度是很大的。為什麼宇宙膨脹的速度遠大於光速？這跟距離的定義有關係。假設這裡面有一兆個原子，若我們將這些原子排列得整整齊齊，定義為一公尺長，那麼由於原子與原子之間的距離與耦合系數成反比，所以當耦合常數越大的時候，原子與原子的間距就越小，因此在耦合常數很大的時候，所定義的一公尺是很短的。當初宇宙大爆炸剛開始，耦合常數很大，那時候的宇宙很小，但當耦合常數變小時，粒子與粒子之間的距離就會急劇地變大。因為距離定義的關係，所以宇宙膨脹的速度遠大於光速。

從無到有一定會經過一個希格斯玻色子衰退成頂夸克與反頂夸克的過程。我們不知道這是不是唯一的一個過程，也許有很多新粒子還沒有被發現。我們能計算現在真空中發生「從無到有」的可能率，但是不能計算宇宙爆炸的那一瞬間發生「從無到有」的可能率。為什麼？因為我們不知道那個時候的耦合常數，也許那個時候的耦合常數遠大於現在的耦合常數。我們知道該怎麼算，可是不知道這個耦合常數有多強，也不知道這是不是唯一的耦合過程。

不過我們已經知道很多了，近一百年來，我們知道了宇宙是怎麼創造出來的，也知道假如概率大於 1，自然界就會產生另外一個過程，使得它減弱為概率小於 1。假如這個概率太小，真空根本就不能產生物

質。我們也有這個信心：一定有其他的過程，使得從無到有。

　　為什麼我們會有這麼大的信心？假設宇宙是存在的，你是存在的，能量不可能變得無窮大，就可以一步一步推導出十幾個新粒子與它們的耦合常數，而且都被實驗證實了。這也就建立粒子物理的標準模型。所以我們對宇宙的造物者有很大的信心，深信造物者就是這麼一步步製造出宇宙的，雖然還有很多不知道的詳情，但仍不減我們對這位造物者的信心。它把宇宙設計得非常好。假如我們計算從無到有的可能率太大，它會用別的方法一步步地將它減弱。計算太小，它有別的方法將它加強。

　　我從一開始就講互補與互毀的關係，在邏輯上，陰跟陽是互補的；在屬性上，相反是互毀的，比如，正負電子碰在一起就毀滅了。我也希望中美的關係是互補而不是互毀的。

　　周文王從四象發展八卦，然後孔子做六十四卦，所謂六十四卦是解決人類問題最好的方法，而不是拿來算命的。經常有人拿《易經》去算命，這是不科學的。孔子做六十四卦是教我們怎麼做人，怎麼解決問題，而不是用來算命。孔子解決問題最好的方法就是中庸。我們應該研究現代科學的宇宙觀與人生觀，把無極生太極、太極生兩儀、兩儀生四象、四象生八卦、八卦生六十四卦，做為一種歷史性的動態哲學來研究，而不能局限於狹窄的、靜態的、落伍的五行學說。

　　好幾次在我演講完之後，有牧師來找我說：「你是不信神的，可是你所形容的造物主，似乎比我們宗教裡的神更為深奧偉大。」

　　我總回答：「是的，當我們懂得越多的時候，我們會覺得這個宇宙的造物主越宏偉精準。」

　　這樣以科學的研究方法與研究成果，來審視古代傳統哲學和人文科學，不僅能糾古人對宇宙、世界的認知之偏，還能在當代科學的語境中，對古代哲學、思想有新的領悟、新的收穫。

五 科學與人生觀

　　我在講科學與人文時，發現宇宙真的是太宏偉、太美麗、太神奇了，從中我們可以體悟到精深博大的人生觀與宇宙觀。《禮記·中庸》說：「致中和，天地位焉，萬物育焉，四時行焉，百物生焉。」太陽與月亮都那麼有規則性地運作，使得萬物生長，四時分明，大自然運作得這麼健康，我們當然也要自強不息。今日我們知道的宇宙，較古人的天地博大精深萬倍，所以我們更需要自強不息、厚德載物。

　　我問一個問題：當宇宙開始製造氫原子的時候，宇宙充滿了氫原子，而氫原子並不能構成人的身體，人體需要碳、氧……等輕元素。碳從哪裡來？碳、氧等輕元素是當太陽死去的時候，會將氫原子融合成為碳、氧等輕元素。所以為了供給我們身體裡面的碳、氧等輕元素，許多顆太陽必須死去。身體裡面單有氫和碳還不夠，還需要鐵，鎂，磷，鉀等重元素。鐵從哪裡來？兩顆超級中子星（中子星對）同時、同地相互吸引融合後而崩潰爆炸，這樣一來才能產生鐵、鎂、磷、鉀等重元素。

　　所以每次我跟學生解釋，你們要珍惜生命，因為至少要有好幾千萬顆恆星和好幾千萬個黑洞對或中子星對必須死亡，這才能供給我們做為人類所需要的碳、鐵和鉛等元素，以八卦形式出現的原子週期表才得以完成，而從宇宙大爆炸到八卦的完成，這中間則需要經過好幾

十億年。所以，我們的生命多麼珍貴啊！所以我們要自強不息，不能虛耗了生命。什麼是生命的意義？下面是我寫在麻省理工學院會議室的一首小詩：

Precious is Life

A dying Sun murmurs:

"My light is about to dim

With my last flame.

Having luminated the world,

Yet I'm about to be swallowed by darkness.

My heart protests bitterly

Why should I make my journey in vain?

Only the light elements produced on my deathbed will end up immortal

Forming the indispensable foundation of all lives."

A pair of black holes shout during their farewell dance:

"Our lives are about to vanish

As we shock the Universe with a loud explosion

modifying both space and time.

Having attracted everything

Yet we are about to explode into pieces.

Our hearts protest bitterly

Why should we make our journey in vain?

Only the heavy elements produced in our Waltz of death will end up immortal

Forming the essential bases for the blood of lives."

The great minds of Scientists explore in Unknown,
Striving through hardships and setbacks
With inspiration, perspiration and perseverance,
Leaving lasting legacies in humanities and sciences.
Our discoveries of the laws of the universe triumph over mortality
Elevating the spirits of beings of Universe.

珍貴的生命

另一個太陽熄滅前的嘆息：
「我的生命即將消失
隨著我最後的火焰
曾經照亮過世界
卻即將被黑暗所吞噬。
我的心憤憤不平
為何讓我的塵世之旅徒然？
唯有我所生產的輕原子終將不朽，
成為簡單生命的必要基石。」

又一對相互毀滅的中子星[1]在告別舞會中狂喊：
「我們的生命即將消失

---

1. 拜倫臨終前寫的詩，如今刻在倫敦西敏寺他的紀念碑上：「我的生命即將消失，隨著我垂死的身軀，我的心憤憤不平，為何讓我的塵世之旅徒然？唯有我的詩歌終將不朽。」

隨著震驚宇宙的爆炸
改變空間和時間。
曾經吸引了一切
然而我們將爆炸成碎片
我的心憤憤不平
為何讓我的塵世之旅徒然？
唯有我們死亡的華爾滋中產生的重元素終將不朽
成為生命之血的重要基石。」

偉大的科學家們在未知中探索
努力渡過艱辛和挫折
憑藉靈感，汗水和毅力
在人文和科學方面留下持久的遺產。
我們對宇宙定律的發現勝過了死亡
提升了生命的的精神。

　　這首詩的第一節是從兩儀生產四象，第二節是四象生產八卦，和第三節是八卦生產六四卦（大同世界），描述三個分娩的痛苦過程及目的，記錄了宇宙從死亡到生長一步一步的發展，比悲劇式的北歐神話尤為悲壯。

　　愛是很複雜的。宇宙中有遠大於我們太陽的恆星，它們死亡後就會變成中子星或者黑洞。當兩個中子星或者黑洞接近，卻因為角動量守恆的關係不能合併時，需要第三個中子星或者黑洞的干擾與幫助，才能融合發生巨大的電磁波與微弱但無遠不及的「重力波」，產生一種時空漣漪，影響時空。所以引起女作家們的遐想。

　　瓊瑤的幻想是：「人與人不可思議的相遇和感情，就是這種波造成

的，沒有對錯，因為這種波無遠不及、註定、而無從逃避。說不定今天的你我，早就在幾億年前某個星球裡相遇過，所以才有『似曾相識』和『一見鍾情』的事發生。」

女作家李錦青更是說得好：「這種受重力波影響的情感可以通俗地解釋為前世姻緣嘛，也許因為你我早在幾億年前就相遇、相識和相知，才鑄就了今日的再次相遇和肝腸寸斷？」

這讓我想起人們常常讚美愛情的詩句：

「我如果愛你──

絕不像攀援的凌霄花，借你的高枝來炫耀自己

我如果愛你──

絕不學痴情的鳥兒，為綠蔭重復單調的歌曲

也不止像泉源

長年送來清涼的慰藉

……

不，這些都還不夠！我必須是你近旁的一株木棉

作為樹的形象和你站在一起

根，緊握在地下

葉，相觸在雲裡。」[2]

中庸：「君子之道，造端乎夫婦；及其至也，察乎天地。」

愛情太微妙了，不過這不是我們今天該討論的題目，我們再回到人生哲學最基本的問題。康德的三個問題：「怎麼知道」，「怎麼做」，「我們能指望什麼」。

---

2. 引自中國女詩人舒婷（1952~）的《致橡樹》。舒婷是朦朧詩派代表人物。崛起於二十世紀七〇年代末的中國詩壇，她和北島、顧城、梁小斌等以迥異於前人的詩風，在中國詩壇上掀起了一股「朦朧詩」浪潮。

海德格爾補充說：「什麼是問題」，「什麼是生命的意義」？

如今我明白，「道是什麼」與「生命的意義」。

老子的《道德經》說：「有物混成，先天地生。寂兮寥兮，獨立而不改，周行而不殆，可以為天下母。吾不知其名，字之曰道，強為之名，曰大。大曰逝，逝曰遠，遠曰反故道。大，天大，地大，王亦大。域中有四大，而王居其一焉。人法地，地法天，天法道，道法自然。」

老子說的「道」，是我們這個宇宙管理自然的物理法則。

無極經過宇宙大爆炸產生太極：太極是我們這個宇宙的本源。什麼是無極？無極是真空，真空有許多許多可能，其中一個可能，就是我們這個宇宙的道。其他宇宙可能有不同的道。這個自然法則的道，需要我們不停地格物致知研究才能懂得，我們懂得越多，道就顯得越奧妙。

我們這個宇宙經過無數次（幾乎接近於 10 的 40 次方〔的時間與空間〕等同於 10 的 23 次方個星球的空間，經過 10 的 18 次方秒鐘的時間）的嘗試與進化，才產生了我們的生命與文化，例如上面所說的，許多星星的死去，才提供了我們身體所需的碳，許多非常重的中子星一起死去，才產生了我們身體所需的鐵，所以應該珍惜我們的生命，不停地去創造、增加生命的價值。

中庸與科學的人生觀

　　我十四歲的時候讀《中庸》，其中程顥的話：「不偏之為中，不易之為庸。」當時我不知道他在說什麼，「你說不壞就是好，不好就是壞，這不等於沒說嘛。」因為好、壞是相對的，不同宗教的人把自己的信仰都說得非常好，而把別人的信仰說得非常壞。後來我才明白一個道理：其實調和各個宗教之間、各個教派信徒之間的關係和調和我們每個人之間的關係，全都需要「中庸」。

　　為什麼要中庸？

　　「人心惟危，道心惟微。惟精惟一，允執厥中。」[3]就是要做到中庸。

　　什麼是科學的中庸？總要有一個科學的定義。我認為中庸就是在有條件的情況下，對大多數人來說最佳解決問題的方法。怎麼個解決方法？就是求最大的數學期望值。舉個最簡單的例子：

　　如果 $A + B = 10$，那什麼是 $A \times B$ 的最大值呢？

　　當然是 $5 \times 5 = 25$，而不是 $0 \times 10 = 0$，對不對？這是一個很實用的問題。

　　比如，你想要健康，也想要財富，想要財富就每天工作二十四小

3.《尚書・虞書・大禹謨》。

時，想盡辦法去賺錢；想要健康，就每天二十四小時休息養生。可是人需要財富，也需要健康，所以你一半時間在工作學習，另一半時間在休息養生，這就叫做中庸。

我們處理人生各種各樣的事情都應該用中庸的方法。要完成一件事情，也許有一百種因素，每一個因素取決於其重要性，乘上一個不同的權重，想辦法使得它們的乘積最大，這就是中庸的方法。

要做到中庸，需要有三個條件：一、達到最大的數學期望值。二、為多數人。三、長期的解決問題。所以，「中庸」不僅僅具有數學層面的科學價值，還對我們的人生觀具有很大的指導作用。

中庸就是權衡所有的因素，放在一個計算公式裡面，找出最好的解決方案，對大多數人最有利，也最有益於個人的人生和生活。所以，「中庸」能為社會帶來最大意義上的「善」的光輝和價值。這就是：善的最大化，善的普惠化，以及善的恆久化。

《中庸》還說：「致中和，天地位焉，萬物育焉，四時行焉，百物生焉。」太陽與月亮都那麼有規則性地運作，使得萬物生長，四時分明，大自然都運作得這麼健康，我們當然也要自強不息。今日我們知道的宇宙，較古人知道的天地要博大精深萬倍，所以我們更需要自強不息，厚德載物。

以上所說追求中庸的方法和態度，也就是格物致知的過程。

▶▶ *5-2*

中庸與善惡的權重

　　善就是為多數人長期地解決問題。為什麼樣的人解決問題？這些人不是一樣平等的，所以就要有一個權重。比如，你的家人最重要，所以權重是 10，你的親人朋友權重是 5，國人同胞是 2，全世界其他的人是 1，其他動物是 0.1，植物是 0.001，這是仁人愛物的真義。

　　在二次世界大戰中，許多日本人縱然十分愛護他們的家人妻女（權重 10），卻像一個原始的凶殘部落，徹底消滅另一個部落，極其殘忍地殘殺中、美及東亞其他國家無辜的人（權重～ 0<0.001）。這種極端的愛與憎，是原始的凶殘部落一物的兩面，而不是他們有善良與凶殘這兩種不同的品格。這種極端自私的愛與極其殘忍的憎，正是日本與納粹最可惡之處，所以這些日本軍人是非常凶殘的，不能因為他們愛護自己的妻女就說他們有善良的一面，並因而原諒他們。如果這些凶殘的日本軍人推說他們是被其長官逼迫的，而他們的長官又是被長官的長官逼迫的，層層推託，那誰都不用承擔這些罪行和責任了。事實上，不管是凶殘的普通軍人還是那些甲級戰犯，以及最頂端的日本天王，所有凶殘的軍國主義者都必須承擔全部的責任。《論語‧憲問》：「或曰：『以德報怨，何如？』子曰：『何以報德？以直報怨，以德報德。』」以直報怨，不是以怨報怨。以直報怨是要以公正、正直的態度回應怨。

浮士德與魔鬼中浮士德最後臨死前懺悔，所以就被原諒了。大多數日本軍人與政客到現在並沒有懺悔的意思，還是堅持他們那種對外凶殘的本性，所以難以原諒。什麼時候真正懺悔，什麼時候可以原諒。所以，中庸的思想，其實就是我們人生面臨選擇時的一種基於善惡、價值判斷和人生道路的權重選擇。你心目中如何衡定這個權重，如何做選擇，就證明你是一個什麼樣的人。明白其中的科學道理，你的選擇會多一些理性的成分，將科學道理與你的人生觀相結合，你的人生就會多一些善良、理性的成分，你自己，以及你周圍的人，或許就會因為你的權衡與選擇而受益。

　　以下是中庸數學優化結果的另外一個在生物上的例子：長生不老是人們美好的願望，千百年來，人們為了尋求長生不老之藥，可謂是費盡心血，但始終毫無所獲。

　　人為什麼不能長生不老？今天的科學家，對人類為什麼變老，已經有相當的瞭解。我們變老是由於細胞的生長速率小於細胞的死亡率。是每一個 DNA 長分子的兩端，有一部分叫做端粒（Telomere），端粒不帶有任何遺傳訊息，其作用是保護這個遺傳分子。每一次 DNA 被複製時，端粒的最上端都會縮短一小截，因此當 DNA 被多次複製後，端粒就會被全部消耗，致使這個 DNA 停止被複製。

　　但是每一次 DNA 被複製時，端粒的最邊緣應該縮短多少，才是最好，最理想的？使我們生命最長，生活得最好？這是數億年來，優勝劣敗，適者生存，生物進化的結果，或許使用數學優化模擬可以很好地解釋這個問題：

　　如果縮短太多，細胞的生長速率太低，我們變得太虛弱，會導致死亡。

　　如果縮短得太少，細胞的生長速率太高，細胞可能會癌變，也會

導致我們死亡。

已知這樣的數學優化模擬的結果是，人類的生命被優化到一百二十年。其他因素，例如憤怒、憂傷、細菌、病毒、毒物之類……將平均年齡降低到八十五歲。

細胞分裂是單性生殖，分裂過程中，DNA 有可能產生錯誤，因此不能長生不老。長生不老只能通過婚姻精卵結合，雙性生殖來糾正分娩中的 DNA 錯誤而實現。其實長生不老早就用雙性生殖實現了，只是我們不知不覺而已。

同樣道理，我們的體外不怕癌變（carcinogenesis）的頭髮和指甲就能不停生長。

對一個特定的人，如果他的新陳代謝太弱，有一種有機酶分子端粒酶（Telomerase）能夠阻止 DNA 分子在被複製時減損其端粒，就可以增加新陳代謝，進一步稍稍優化他的生活。

作為一名優秀的現代人，要「眉下一副別眼，胸中一副別才」，這裡的「別」就是科學邏輯分析。科學是要尋真，尋真的過程中發現宇宙的博大和精美。我們計算每一個事件的概率，需要不斷地增加新的數據，而且不斷地觀察檢查它。我舉一些例子，講了如何利用科學的知識和原理，來分析、看到前人沒有看到的哲理，看出先聖先賢失誤的地方，以及運用到時間和空間的定義上。宇宙太神奇了，要珍惜我們的生命。怎麼珍惜？就是不停地用中庸的方法來為多數人不斷地解決問題，使你的人生得到最大的成功。

六　科學的人文

　　我在前面解釋過，科學是根據格物致知，格物就是觀察、實驗和分析，致知就是要用一套完整的理論來解釋一切原來就已經知道的現象，以及格物所獲得的新現象，並且預測一些相關的現象，所以格物致知就是不停地互相推動、前進，並且不斷地有新的現象與更精確的理論，以及不停地發展。

　　而關於人文方面，孔夫子在二千七百年前就已經提出格物致知。致知在格物。物格而後知至，知至而後意誠，意誠而後心正，心正而後身修。(《禮記・大學》)但是幾千年來，中國的學者似乎並不完全理解格物致知，很多人完全忽略格物致知。以「格物致知」來決定大目標，是「誠意正心」去執行的根本，不經過格物致知來決定大目標，你誠意正心去執行什麼呀？所以要達到誠意正心，修身齊家，必須經過格物致知的階段。

　　那麼什麼是「格物」呢？我認為就是發揮中庸之道。比如，我先前所說的追求最大的數學期望值，長期為大多數人謀福利，這樣格物致知所得到的結果才能用誠意正心來執行，進而用之於修身、齊家、治國、平天下。古人雖然不懂格物致知，可是經常有精確的觀察及非常準確的描述，所以在讀他們文章的時候要特別注意，並且加以引申做到致知這一點。

前面我們已經討論很多關於科學與哲學的關係，特別是關於科學的宇宙觀（第四章），例如，「無極生太極，太極生兩儀，兩儀生四象，四象生八卦，八卦生六十四卦」的科學解釋；又例如，乾卦裡的第六階段：一個群龍無首，兩條相反相成的龍，各顯本事的最高境界，引申到當今我們生活的這個地球環境，中國跟美國兩個大國，不同的社會制度下的和平競爭，才是最適合人類文明發展的最好境界。孟子說得好：「入則無法家拂士，出則無敵國外患者，國恆亡。然後知，生於憂患，而死於安樂也。」最好的一個例子，就是蘇聯崩潰之後，美國的資本主義人人貪婪無厭，造成了 2008 年的經濟大蕭條，還需要中國付出巨資來拯救世界經濟。

老子：「道可道，非常道，名可名，非常名。」
孔子：「朝聞道夕死可矣。」
這裡所說的「道」，就是所謂的宇宙定律。
陸象山：「舉頭天外望，無我這般人。」

如今我們用望遠鏡找遍了整個銀河，數千億個太陽系，也很難找到另外一個像地球的行星適合人類生存，顯示大自然創造我們人類的困難。

生命的珍貴是本書的主題（科學與人生觀），曾經在本書多次一再出現：一顆太陽在他有生之年，不斷地給我們光、熱以及穩定的生長環境，所以孔子讚美太陽說：「日月位焉，四時行焉。」當太陽死亡時會產生輕元素，那是產生生命必須的基石。當一對黑洞（或中子星）死亡時會產生對於我們的血液來說必不可少的重元素。數千億顆恆星和黑洞（或中子星）的死亡，才能累積產生足夠構成我們生命必須的元素，這就是為什麼產生生命，耗費了大約一百三十八億年這麼久的時間，因為產生這些元素就是需要這樣長的時間：從兩儀生產四象，四象生產八

卦，和八卦生產六四卦（大同世界），三個分娩的痛苦過程及目的，宇宙從死亡到生長一步一步的發展，比悲劇式的北歐神話更悲壯。

也許有人會問：科學與哲學本來就是相關的，可是科學跟詩詞、歌賦、繪畫等藝術有什麼關係？科學是抽象思維與實驗的相互驗證，詩詞歌賦是形象思維，繪畫更是直覺，它們怎麼能建立聯繫呢？

我在前面說過，做科學研究需要格物致知，格物就是要觀察做實驗，致知就是研議理論，驗證實驗的結果。格物致知是不停的反覆，每反覆一次，就是向前進了一步。從事人文科學也是一樣，需要格物致知。許多優秀的文學家有非常敏銳的觀察力，用精煉的文字把他們所觀察到的表現出來，這其實也是一種格物。後來的讀者積累了豐富的知識，一個一個有科學基礎的人看文學作品，能夠瞭解到那些現象後面的科學原因。我思故我在，我們看東西不單單是用眼睛看，也是我們的大腦在看，眼睛不過是大腦的一個工具，我們看到的是我們瞭解的東西，我們不瞭解的東西，看了等於沒有看。譬如，我們照鏡子，鏡子裡呈現的上下左右與鏡子前面真實的人與物都是相反的，可是我們看到鏡子裡的結果都是左右對調，左手變右手，可是頭還是在上面，腳還是在下面。同樣，你把頭在水平面或垂直面旋轉，你看（或聽到）到的世界，水平面還是水平面，垂直線還是垂直線，他們不會隨著你的頭旋轉，證明你的頭腦已經把頭旋轉的角度修正了，通常是用我們熟悉的地球水平面和垂直線來做標準。這一切就證明我們看到的東西是我們頭腦能夠瞭解的。一個有豐富科學知識的人，能夠從文學家描述的景象裡看到許多科學的內涵，所以文學家經常只能格物，具有科學常識敏銳的人才能致知，所謂讀書必求甚解，力透紙背，入木三分。

我知道目前多數中國家庭都希望孩子學理科，將來上理工科的大

學，因為多數家長都相信「學好數理化，走遍天下都不怕」。很多家長反對孩子學文科，認為學文科沒有前途，就業困難，將來賺錢少，養活不了自己，所以還是學理工科實惠，有發展前途。所以，現在搞科技的越來越看不起詩詞歌賦、看不起人文科學，也越來越認識不到詩詞歌賦等人文科學對科學的重要性了。在這樣的情形下，我要來講一講科學與詩詞歌賦、人文科學的關係，呼籲一下詩詞等人文科學對於一個人的重要性，包括科學家。

中國是一個歷史悠久，具有深厚詩歌傳統的國度。中國古代的詩歌藝術已經達到很高的藝術水準。中國最早的詩歌總集《詩經》（詩三百）甚至成為公卿王侯從事外交、政論、宴飲等活動的必備內容。「詩教」是儒家政治的重要特色。孔子說過：「詩可以興，可以觀，可以群，可以怨；邇之事父，遠之事君；多識於鳥獸草木之名。」意思就是《詩經》的詩歌作品不僅有助於人的家庭和社會生活，還可以指導政治生活和教育學習。《論語・季氏》就記載了孔子跟他兒子孔鯉的一場論及學詩重要性的對話。

這段對話是這樣的：

陳亢問於伯魚曰：「子亦有異聞乎？」

對曰：「未也。嘗獨立，鯉趨而過庭。」

曰：「學《詩》乎？」

對曰：「未也。不學《詩》，無以言。鯉退而學《詩》。他日，又獨立，鯉趨而過庭。」

曰：「學《禮》乎？」

對曰：「未也。」

「不學《禮》，無以立。鯉退而學禮。聞斯二者。」

在孔子看來，學詩是言說、應對的基礎，也是接受教育的起點。如果連詩歌都不學，說話一定是索然無味的。可見孔子是一個非常重

視詩教和審美素養的人。他還說過:「興於詩,立於禮,成於樂。」從「興」、「立」到「成」,這是教育的三部曲,可見詩歌在他心目中有多重要了。

　　文人從政,特別是善於作詩歌的文人從政,給中國歷史濡染了詩意的氣象。李白、高適、賀知章、歐陽修、蘇軾這些大家耳熟能詳的偉大詩人,在後人眼裡,他們的政治成就早已不被人們提及,而他們的優秀詩篇仍然被人們傳誦至今,其政治成就早已被文學成就所掩蓋。

　　熟讀歷史,我們不難發現古代很多政治家同時是文學家,很多科學家也都是文學家和詩人,比如墨子、張衡、沈括及王貞儀[1]等科學家,他們在文學上也有不錯的造詣。唐代開創「以詩賦取士」的人才錄用機制,大量的詩人得以因詩歌才華而走上仕途,徹底改變命運,所以才有了唐代詩歌的繁榮。今天,詩賦取士的時代已經成為歷史,但我們為什麼還要學詩?詩能給我們帶來什麼?詩歌對於研究自然科學的研究者,有哪些益處和幫助?這些話題都值得我們認真探討和思考。

　　什麼是詩?「不學詩,無以言。」詩是語言藝術的最高形式,它以最洗煉的文字,揭示最深刻的哲理,蘊藏豐厚的思想與感受。學詩不僅僅在學對別人怎麼說,更重要的是跟自己怎麼說。所以詩歌不僅是表達,也是一種思考和自我認知。

　　小時候上學,凡是老師講不出道理的,我都自然而然的拒絕學習,所以成績經常敬陪末座。那時候我痴迷於看小說,初中二年級的時候,在課餘時間,我和杜維明跟著一位國文老師學詩詞、古文。他給我們講解四書、《古詩十九首》等,我豁然開朗,才知道怎麼學習、怎麼讀書了。那個時候我的理想跟杜維明一樣,要做個儒學家,發揚

---

1. 王貞儀(1768~1797),字德卿,中國清代女天文學家,在文學上有傑出的貢獻,是十八世紀中國的一位非凡女性。清人袁枚評價王貞儀的詩詞「具有奇傑之氣,不類女流」。

儒家的詩教思想和聖賢精神。也是在那個時候，我學到以仁為己任以及如何「仰觀宇宙之大，俯察品類之盛」[2]，因此不再為自己憂懼，從此無憂無懼。

我逐漸明白什麼是詩，明白一個道理：詩是解讀，解答，解救。它是關乎人生、關乎存在的意義和價值的人文精神。它在生活中是無所不在的，不管我們做什麼工作，搞什麼研究，都離不開人文的滋養和趣味，離不開詩歌。

前幾天我遇到一個重大問題，使得我認為手上的科學研究項目毫無希望了，但昨天我靈光乍現，想出了一個解決方案。我每天基本上都要經歷這種生死般的成敗、起伏的感悟和體驗。這種情形就像我小時候讀過的一首詩一樣：

「我的生命就像一隻槳，一瞬間消失在絕望的壓力下，下一瞬間又飛躍出水面，快速前進。」

這個過程充滿探索的焦慮、絕望、困苦、艱辛，又有著成功之後的喜悅、欣喜、暢快、痴狂。這種波瀾起伏的狀態，就像創作或者體驗一首詩一樣，充滿各種未知的艱苦和發現的喜悅。

其實人文科學的作品中，有很多對人生和思想的總結，用於科學研究，也是非常貼切的。比如：莊子在《養生主》中有段話說得很好：「吾生也有涯，而知也無涯。以有涯隨無涯，殆已！已而為知者，殆而已矣！」這段話的意思是，我們的生命是短暫的，但需要我們去學習的知識是無窮的，在短暫的生命裡去追求無窮的知識，比較危險，即便是你把這些知識都掌握了，你這個人的生命也差不多了，意思是我們不要有意去追求那些無謂的知識。我們經常引用他前面那兩句「吾生也有涯，而知也無涯」，其實是斷章取義了。

---

2. 王羲之：《蘭亭集序》。

有一次，我想到這段話，突然有了靈感，將莊子這段話做了改動：「吾生也有涯，而知也無涯。以有涯隨無涯，取之不盡，用之不竭，日新月異，其樂無窮。」

　　在我看來，科學研究的樂趣和意義，就正在於將有限的生命投入到永不停息的探究與發現當中，既然這個世界充滿未知，那麼我們這個求知的過程，就充滿發現，充滿驚喜，也會給社會帶來更多的驚喜和貢獻。這才是一個科學家的責任和使命，同樣也是所有人文科學與自然科學工作者的責任和使命。

　　有一天的夜裡，我思潮洶湧，心融神會，不顧夜寒，披衣而起，奮筆疾書：每天我不僅在科學上有重大的突破，對詩歌、哲學、人生的意義上也都隨時會有嶄新的解說。不管是老子、莊子，還是李白、杜甫、蘇東坡……的詩詞、學說，每當他們無意中經過我的腦海，都會給我帶來靈感，使我的認識更上層樓，並提升到更深奧的境界，讓我對這些詩作有更豐富、更圓滿理解。我想，這就是生命的意義，這就是我對完美的人生的看法。

　　什麼是完美？

　　昨夜遙思故友，東坡的詞便閃過腦海：「人有悲歡離合，月有陰晴圓缺，此事古難全。但願人長久，千里共嬋娟。」這種景象在詩詞裡是完美的，是令人神往的。司馬光：「李長吉歌『天若有情天亦老』，石曼卿對『月如無恨月長圓』，人以為勁敵。」那麼我再從科學上來探究，則會發現：其實月有陰晴圓缺，是因為動態的平衡，所以它才是最完美的。月亮如果永遠是圓的，它環繞地球的週期就跟地球環繞太陽的週期一樣，這麼慢的旋轉速度就不可能達到動態平衡，月球就會墜落到地球上來，把地球毀滅，再現四十五億年前地球剛剛誕生時那個碩大的火球景象。所以月有陰晴圓缺，才是最完美的。孔子就懂得這個道理，所以說「日月位焉，四時行焉」。再加上以前所說的太陽

（天）有義，為生命犧牲自己去製造一些輕元素。因此，我將以上那副對聯改為「天因有義天亦老，月若無情月長圓。」

這樣從詩詞的賞析，再到科學探究，我們就會發現古代詩詞中蘊含著古人對科學敏銳的觀察、發現和感悟。雖然他們不知道其中的科學道理，但是他們記錄了下來，並將他們的思想和感悟融匯其中。這樣的時刻，我們與古人一同體驗了發現的快樂，一同完成了對無涯知識的傳承和發現，這樣的求知、探索，難道不是更有意義的嗎？難道這不就是讓我們生命實現無涯和永恆的那種境界嗎？

在這裡，附上我寫的一首短小的散文詩：

我的宇宙
宇宙以大爆炸始
宇宙以大爆炸而終
終始輪換
永無止境

我是個小宇宙
有誰聽得到
我宇宙核心的大爆炸
有誰聽得到爆炸後
微弱的呻吟？
有誰聽得到
螞蟻的嘆息聲？

給我一雙為我哭泣的眼睛
聽我啜泣的耳朵
一顆同跳的心……

文學的真善美

　　科學當然是求真，在求真的過程中，我們也發現宇宙非常美。真、善、美是我們對宇宙、世界最基本的三種關係的認知，很值得說一說。比如，很多人都很喜歡德國音樂家布拉姆斯（Johannes Brahms）[3] 的音樂，但是法國的大文豪羅曼‧羅蘭（Romain Rolland）[4] 就非常不喜歡，他在《貝多芬傳》裡說：「十九世紀末住在維也納的德國大作曲家都極感苦悶，那時奧國都城的思想全被布拉姆斯偽善的氣息籠罩。」他認為布拉姆斯是「偽善」。我知道不管布拉姆斯是否偽善，他的音樂在世界各地，包括中國，都有眾多的愛好者。當然我們也因此知道羅曼‧羅蘭作為一個現實主義作家，他將「真」和「善」看得高過一切。

　　而俄國的大文豪托爾斯泰強調的是「善良」，他的小說《安娜‧卡列尼娜》非常著名，我個人很喜歡這本書。不過晚年的托爾斯泰卻自稱這本書描寫的是女性追求情慾，而不是真的「善」，不是一本很好的書。他甚至說：「安娜就像一塊苦蘿蔔一樣令我厭煩，我對自己所寫

3. 約翰尼斯‧布拉姆斯（Johannes Brahms，1833~1897）浪漫主義中期德國作曲家，當時維也納的音樂領袖，他也在維也納度過大部分的創作時期。布拉姆斯以完美主義著稱，他的作品已成為現代音樂會的主要曲目之一。
4. 羅曼‧羅蘭（Romain Rolland，1866~1944），二十世紀的法國著名作家、音樂評論家。1915 年度的諾貝爾文學獎得主，代表作品有《名人傳》、《約翰‧克利斯朵夫》等。

的東西感到厭惡，就在眼前，我的面前就擺著準備在四月份發表的稿子，可是我怕我會毫無辦法修改它們，那裡全都是罪惡，全部應該改寫，改寫全部已經發表過的東西，刪改一切，去掉一切，並且說，對不起，本文不再發表了，我要寫點新的東西，不再像這部東西那麼非驢非馬，毫無條理。」

所以，我們看到每個作家的思想都是不一樣的，即便同一個作家，在不同的時期，思想也是會發生變化的。有的人把真實當作首要的追求，有的人把良善當作首要目標。但是，他們都實現一個目標——展現人類心靈中美麗的一面，體現出人類的「美」。

我們再來談談真與美，先來看畢卡索的名畫之一「Femme au Chien」[5]，兩個鼻子，兩個嘴巴，三個眼睛，都是歪的。大家覺得它美嗎？於是有人說：美是主觀的。我覺得它美，它就是美的。但是它「真」嗎？——兩個眼睛長在一邊，三個眼睛，兩個鼻子，真不真？大家都認為不真，我卻認為有點真。為什麼？因為我們的觀察點不一樣。下一次當你母親吻你的時候，你不要緊緊地閉著眼睛，好像怕被她吻到。你把眼睛睜開，就會看到你的母親有兩個鼻子，三個眼睛，兩個嘴巴。這是因為距離不一樣，你的每一個眼睛看你的母親都有兩個眼睛，中間的兩個眼睛會重疊在一起，所以說是三個眼睛。所以畢卡索的畫是「真」的，很真實。而且是非常美的：想想母親吻你時候的鏡頭，怎麼會不美呢？看一幅藝術品，是否真實，關鍵是看你如何觀察，從什麼角度來觀察。角度不同，你的判斷就會不同。

再來和大家談音樂，我們總說音樂是心靈真實的回聲，中國古代最早的音樂理論著作《禮記・樂記》：「凡音之起，由人心生也。人心之動，物使之然也。感於物而動，故形於聲。」還說：「樂者，音之

5. https://www.wikiart.org/zh/ba-bo-luo-bi-qia-suo/femme-au-chien-1962

所由生也，其本在人心感於物也。」這也說明音樂是內心真實情感的反映，古代聖賢認為音樂裡是難以藏偽的。但是在今天來看，也不盡然。音樂也不純粹是真實的，它裡面也可以有虛假的東西存在。就像前面所說，布拉姆斯的音樂是偽善良的，不真實的。

　　為什麼動人心弦的音樂也會有虛假呢？舉一個例子來說明我的論點。我曾經很喜歡清末民初李叔同的〈送別〉，這首歌在有華人的地方可說是家喻戶曉，大家都會唱，但未必知道這首歌是採用奧德威（Jone Pond Ordway）[6] 所作的美國歌曲「夢見家和母親」（Dreaming of Home and Mother）的旋律而填寫來送給他的好友許幻園[7]的。

　　奧德威的「夢見家和母親」原文歌詞是：

Dreaming of home, dear old home!

Home of my childhood and mother;

Oft when I wake 'tis sweet to find，

I've been dreaming of home and mother;

Home, Dear home, childhood happy home，

When I played with sister and with brother，

'Twas the sweetest joy when we did roam，

Over hill and thro' dale with mother.

---

6. 約翰・龐德・奧德威（John Pond Ordway，1824~1880），美國醫生、作曲家、音樂家、企業家和政治家。他出生在於麻塞諸塞州的薩勒姆，他的「夢見家和母親」（Dreaming of Home and Mother）是極受歡迎的內戰時代的傷感歌曲，流傳甚廣。中國的「送別」和日本的「旅愁」均以此曲重新填詞。

7. 許幻園（1878～1929），中國詩人、小說家。二~三十年代上海新派詩文界領袖之一，與李叔同、張小樓、蔡小香、袁希濂同為上海「天涯五友」。

Dreaming of home, dear old home，

Home of my childhood and mother;

Oft when I wake 'tis sweet to find，

I've been dreaming of home and mother.

Sleep balmy sleep, close mine eyes，

Keep me still thinking of mother;

Hark! 'tis her voice I seem to hear.

Yes, I'm dreaming of home and mother.

Angels come, soothing me to rest，

I can feel their presence and none other;

For they sweetly say I shall be blest;

With bright visions of home and mother.

Childhood has come, come again，

Sleeping I see my dear mother;

See her loved form beside me kneel

While I'm dreaming of home and mother.

Mother dear, whisper to me now，

Tell me of my sister and my brother;

Now I feel thy hand upon my brow，

Yes, I'm dreaming of home and mother.

（歌詞大意是：夢見家裡，親愛的老房子！我的童年和母親的家；經常當我醒來的時候是甜蜜的尋找，我一直夢見家和母親；家，親愛的家，童年時的幸福之家，當我和兄弟姐妹一起玩耍時，這是最甜蜜的歡樂時，我和母親一起漫遊山丘和峽谷，夢見家裡，親愛的老家，

我的童年和母親的家；經常，當我醒來的時候是甜蜜的尋找，我一直夢見家和母親溫暖的睡眠，閉上我的眼睛，讓我還想著媽媽；聽！這是她的聲音，我似乎聽到。是的，我夢想著家庭和母親。天使來了，安慰我休息，我可以感覺到他們的存在，沒有其他；他們說我會幸福甜蜜；隨著家庭和母親的美好夢想，童年已經來了，又來了，我看見我親愛的母親；看到她愛的形式在我身邊跪下，而我夢想著家庭和母親。母親，親愛的，現在對我耳語，告訴我，我的姐姐和我的兄弟；現在我感覺你的手在我的額頭上，是的，我夢想著家庭和母親。）

二十世紀初，這首歌有了日文版填詞。日本詞作家犬童球溪[8]為這首美國歌曲填寫了日文詞，取名〈旅愁〉，在日本家喻戶曉。

李叔同出生在奧德威去世的這一年（1880），他於 1915 年創作了〈送別〉，歌詞是：「長亭外，古道邊，芳草碧連天。晚風拂柳笛聲殘，夕陽山外山。天之涯，地之角，知交半零落。一壺濁酒盡余歡，今宵別夢寒。長亭外，古道邊，芳草碧連天。問君此去幾時來，來時莫徘徊。天之涯，地之角，知交半零落。人生難得是歡聚，惟有別離多。」

很多人可能也很喜歡這首歌的歌詞。這首詩，初看很淒美，但是仔細一想，就有問題了。大家試想一下，在黃昏、傍晚的時候，在夕陽山外山、古道邊、芳草碧連天的地方，送別你的朋友；不是送他到火車站或飛機場，而是送他到一個荒山郊外、杳無人跡的地方，那你是不是把他送給危險，或者送給強盜呢？除非你是宋江送武松，宋江是可以在黃昏送武松進荒山打白虎，可是宋江送武松不會有這種悲涼的氛圍，因為他們是「陸行不避猛虎，水行不避蛟龍」的豪傑。所以這首歌詞很美的歌，營造的是虛假的淒涼氛圍。辛棄疾有一首詞是這

---

8. 犬童球溪（1879~1943），日本音樂家、作詞家、詩人、教育家。

樣說的：「少年不知愁滋味，愛上層樓。愛上層樓，為賦新詞強說愁。」這首歌詞是不是可以理解為是賦新歌強說愁呢？

同樣是送別詩，下面這一首，詩人用行動來表示他對朋友的情感，他是誠摯地在渭城送他的摯友，他寫的詩情境交融、合情又合理。「渭城朝雨浥輕塵，客舍青青柳色新。勸君更盡一杯酒，西出陽關無故人。」

這首詩大家都知道是詩人王維的名作，王維在早晨、在朝雨中、在渭城的客舍，送別朋友。新發的柳枝，色彩清新。詩人明確告訴我們，這是春天。為朋友送行，詩人前一天就來到渭城，兩人喝了多少酒、餞行的宴會有多長時間，都沒有說，但是一句：「勸君更盡一杯酒，西出陽關無故人。」把他的真情、他對朋友的愛、深情地呈現在讀者面前。

唐代另一位詩人王昌齡的送別詩〈芙蓉樓送辛漸〉：「寒雨連江夜入吳，平明送客楚山孤。洛陽親友如相問，一片冰心在玉壺。」

詩人說他昨夜在寒冷的雨夜乘船趕到吳地，清早送別朋友，看到什麼都覺得感傷孤獨。朋友要去的地方是洛陽城，請他向親友傳達自己的志氣仍然高潔。

他們送別友人時的感傷是用前一夜的淒涼景色來抒發，不論是「渭城朝雨浥輕塵」還是「寒雨連江夜入吳」，他們都是在前一天到達，在第二天早上送朋友遠行，而不是在黃昏送朋友去「山外山、荒草碧連天」的地方。

大家知道，過去的路上有驛站，為了安全，遠行的人一定要在天黑前從一個驛站趕到另一個驛站，即使路上沒有狼蟲出沒，人們也擔心土匪強盜，所以基本上不會選擇黃昏出行。具備一定的知識，假跟真就很容易分辨。

當然，古時候的出行，有舟行的，也有騎行的。坐船有在黃昏傍

晚時節送別的，比如白樂天的〈琵琶行〉：「潯陽江頭夜送客，楓葉荻花秋瑟瑟。」是江頭夜別的送行。

我們今天為朋友餞行，常常是前一天晚上設宴，把酒言歡，表達臨別的思念與祝福，宴席結束後，讓朋友好好休息一晚，第二天從容上路。古人大概也是這樣的夜宴，跟我們今天相似。

有人說〈送別〉是一首象徵性的告別詩，利用詩歌的渲染、誇張的特色，毋需追究它是否合理，但象徵錯誤，就有必要指出來。但是如果要把這首詞的作者比喻成「為賦新詞強說愁」的少年辛棄疾，實在是有些過譽了。所以，對於詩而言，真和善是基礎。

對於人文學科的一些舛誤，我們可以從理、事、情上探究其對錯、真偽。當然，科學史上也有不少偽造的實驗數據，以及假發現、假發明，但是這兩類情形，百密一疏，都是可以追蹤並找出真相的。

我有個同事是搞理論物理研究的，一輩子只有一個發現，但是當時就被科學界證明他用的方法是錯誤的，五十年來科學界根本不承認他的發現。但是他依然孜孜不倦地吹噓自己的發現，絕口不提科學界對他的否認。

杜甫〈望岳〉的陰陽新解

中國古詩詞中，作者經常對自然環境觀察得非常仔細，形容得非常逼真，如杜甫的「星垂平野闊，月湧大江流」，一個「垂」字就把大氣折射星光的現象，一個「湧」字就把大江波濤翻滾奔流的現象，描寫得非常清楚。「大漠孤煙直」，一個「直」字就把大漠中無風，熱氣快速往上直冒的情況，描寫得非常精準。

有些古詩人很了不起，他們的詩作裡蘊含對世界的細微觀察，這些奇妙的觀察，從今天科學的角度來解讀，不僅能驗證其詩句裡的科學道理，甚至還能使我們對古人敏銳的觀察和在當時那樣的條件下的發現，感到敬佩以及不可思議。換句話說，古代如果有「諾貝爾獎」的話，很多詩人憑著了不起的發現，簡直就可以獲獎。我個人就覺得杜甫與李白應該獲得諾貝爾物理學獎。

我們來看一下杜甫的〈望岳〉這首詩，他這樣形容泰山：「岱宗夫如何，齊魯青未了。造化鐘神秀，陰陽割昏曉。蕩胸生層雲，決眥入歸鳥。會當凌絕頂，一覽眾山小。」

青青的顏色遮蓋了齊魯大地，大自然把最好的景色都送給了泰山，接下來是「陰陽割昏曉」。我要挑戰一個傳統說法，就是這句「陰陽割昏曉」，書上傳統說法是這樣解釋的：山南是陽，是明；山北是陰，是暗。這裡我要反對，所有北半球的山都是南明北暗，如果杜

甫的意思是這樣的話，那不是廢話一句嗎？怎麼能用來凸顯泰山高大壯觀的美呢？對於「判若晨昏」，教科書上說這個「明」就是晨、曉，「暗」就是昏。我認為除了東西翻轉，「晨」跟「昏」根本就分不出來，曉跟昏的景色是一樣的。我提供幾張照片，你們會發現從照片上分辨早晨和黃昏是很難的。「曉」並不表示是亮，「昏」並不表示是暗，所以我說教科書上的解釋明顯的不合邏輯。然而這樣的解釋已經存在一千二百年了。大家不妨想一想，為什麼成千上萬的文人學者看過這首詩都會有這麼大的誤解？

怎麼解釋呢？我要說早晨曙光出現時，東邊是亮的，西邊是暗的，在明暗的交接處，陰陽分明如被刀割；黃昏日落的時候，西邊是亮的，東邊是暗的，陰陽也是異常分明如同刀割；早晨與晚上都是高的地方亮，低的地方暗，陰陽如割。從明暗交接處的高度，量太陽切割在地平線上的距離，就能算出地球的半徑。

我給大家看一組照片（P216）。

這是美國西雅圖南方的一座活火山瑞尼爾山（Mount Rainier）[9]，它有 4392 公尺高。2005 年，我與詩人楊牧[10]夫婦一起去登瑞尼爾山。第二天清晨，他們夫妻倆不肯起床，只有我與妻子世善去看日出時的高山。左邊這張照片拍的是我站在山下，漆黑一片，伸手不見五指。給我照相的世善對我連連道歉，說把我照得人都看不見了。我卻大聲地感謝她，因為這張照片使我懂得了杜甫「望岳」的「陰陽如割」的真義。

大家能看得出這是清晨還是傍晚嗎？清晨跟傍晚，山的上面都

---

9. 位於美國華盛頓州的皮爾斯縣境內，西雅圖東南方 87 公里處，海拔 4392 公尺。瑞尼爾山被認為是世界上最危險的火山之一。

10. 楊牧本名為王靖獻（1940~2020），臺灣當代詩人。高中時期以「葉珊」為筆名，開始向詩歌雜誌投稿。1966 年獲得美國愛荷華大學碩士學位，1970 年獲得美國加州大學柏克萊分校比較文學博士學位。1972 年，將筆名改為「楊牧」，由此也標誌著他詩歌風格的轉變。

作者在瑞尼爾山下。陰陽割昏曉：上明下暗，明暗分明如割，美國第一高山瑞尼爾山。是昏？是曉？

阿爾卑斯山的地之角峰。陰陽割昏曉：東明西暗，明暗分明如割。

是亮的，下面都是暗的，所以早晨也不見得亮，黃昏也不見得暗。一般而言，都是高的地方亮，低的地方暗，而早晨跟傍晚這樣的時間因素，在照片上是很難分辨清楚的。

這張照片還稍微晚了一點。當太陽剛剛升起的時候，只有山的尖端是明的，其他地方都是暗的，即所謂「陰陽如割」，即太陽照到的地方就是陽，太陽照不到的地方就是陰。假如我不說這是早晨的話，很多人根本就分不清這是早晨還是黃昏。這個「割」字，像用刀割，用得非常好，異常分明。上面是亮的，下面是暗的，也可以很好的印證「陰陽如割」的道理。

上面右邊這張照片是歐洲阿爾卑斯山的地之角峰，山高 4478 公尺，高峰 1500 公尺，像一塊完整的鑽石，是我看到過全世界最雄偉的山峰。

從這個角度看，太陽照到這個地方，上面是亮的，下面是暗的。你能看得出來這是早上還是晚上嗎？

假如我站在義大利向北看地之角峰，就是黃昏；要是站在瑞士向南看，就是早晨。因為我沒有說是從哪個方向照的，所以你是看不出來的，但是我可以看得出來。

為什麼我能看得出來？因為照片的上方有一個月亮，它是左邊亮，右邊暗。月亮左邊亮，就表示太陽是在左邊，這個阿爾貝斯山是在北半球，月亮一定是在南邊，所以左邊是東，右邊是西。你在北邊向南看，所以認為這是早晨。

東方的上面是亮的，其他三面都是暗的，下面也都是暗的，陰陽如割。月亮東陽西陰，陰陽如割更是清楚，因為月亮又比所有的山脈山峰高了很多。我這裡要加一句：「月亮永遠是圓的，只是有的時候陽多一點，有的時候陰多一點。」這裡陰陽如割太極端了，陽等於 100，陰等於 0，所以我們就只把陽的一半來代替月球的整體，而叫「半月」。這是陰陽如割的極端例子。

所以陰陽如割，越高越清楚，是可以拿來形容泰山遠比周圍環境還要高出很多很多的。從陰陽交界的高度（h），及太陽升起在地球的切線點距陰陽交界的距離（d），就可以算出地球的半徑。

同樣泰山的日出東邊是陽，西邊是陰，下面是陰，陰陽如割，非常清楚。其實最陰陽如割的就是月亮，因為月亮最高，在半月的時候明明是整個月亮，可是因為陰陽如割太過明顯，一般就把它說成半月了。

所以我希望已經把你說服了，一千二百多年來對這一句杜詩的解釋都是錯的。我認為杜甫是在早晨四點鐘起身，來到山腳下看了山峰被晨光照耀、看了晨曦中的泰山，這才寫出如此優美的詩句。而這一千二百多年來的評論者都是閉門想像，沒有像杜甫與我，在清晨四點鐘起床，在山腳下看山峰明暗分明的高山。如果真有詩人願意四點鐘起床去登泰山，他們想看的或許是艷麗的泰山海上日出，而不是我和杜甫心儀的那個陰陽如割的泰山。

李白〈黃鶴樓送孟浩然之廣陵〉的地理大發現

　　下面我再給你們講一首大家耳熟能詳的詩——李白的〈黃鶴樓送孟浩然之廣陵〉:「故人西辭黃鶴樓,煙花三月下揚州。孤帆遠影碧空盡,唯見長江天際流。」

　　這個「煙花三月下揚州」的「三月」應該怎麼翻譯成英文?我看了許多中國詩的英譯本,不管是中國人還是外國人的翻譯,都翻成了「March」。其實這樣翻譯是錯的。英文的三月跟中國農曆的三月不一樣,公曆應該對應公曆。古人詩歌中的三月,應該是陰曆三月,一般而言,應該是陽曆的四月左右,所以應該翻譯成英文的四月——April。由此可見,翻譯家們不知道犯了多少翻譯上的錯誤。

　　接著李白寫道「孤帆遠影碧空盡」,明白告訴我們,他先是看到了船體,然後隨著船漸行漸遠,只能看到船上的帆,然後是模糊的帆影,再到後來,帆影在碧空盡頭消失,連個影子也看不到了,最後「唯見長江天際流」,只能看到空闊的江面上奔流的江水。李白確實是非常了不起,他的觀察非常細膩、真實。以今天科學發現的一些理論來審視李白的這首詩,我們可以判斷出,李白早在一千二百多年前就精準地形容地球是圓的了!這個「孤帆遠影碧空盡,唯見長江天際流」,描繪的就是船隻只剩下一個帆的頂端,在地球上的海平面慢慢遠去的過程。

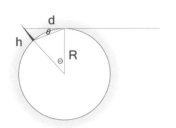

$R = d^2/h$
h 是陰陽割昏曉那條線的海拔高度，
d 是太陽光切割地球的水平線距離，
R 是地球的半徑。

從陰陽割昏曉的高度計算地球的半徑

不管是杜甫還是李白，他們寫這些詩的時候，都認真觀察並且精準地記錄了自然現象。李白的船在水平面上所看不見的部分的高度叫做 h，李白跟船之間的距離是 d，那麼地球的半徑就可以用兩個相似三角形計算出來：地球半徑 = d^2/h

杜甫的泰山在陰陽切割下，從陰到地平線的距離為 h，太陽切割碰到地球與陰陽交線的距離為 d，那麼同樣地就可計算出：

地球半徑 = d^2/h

我說杜甫與李白都應該獲得諾貝爾獎，因為他們都認真觀察並且精準地記錄了地球是圓的自然現象，雖然他們並沒有計算出來地球的半徑。如果生在一千二百年前，我和已經逝世的孔金甌教授（見「孤帆遠影碧空盡－悼孔金甌教授追思會上的演講」）應該能得諾貝爾理論獎（一千年前沒有理論物理獎）。可是換一個角度想一想，在這一千二百多年裡，中國那麼多的文人學者怎麼會死死地認定天圓地方呢？地如果是方的，泰山就不會上陽下陰，不可能上下陰陽如割！地如果是方的，我們就應該先看到船頭或者船尾，而不是只看到船上方的帆。

所以中國古人是很聰明的，他們發現了很多自然和世界的奧祕，但令人惋惜的是，後來的中國古人，尤其是十六世紀以後的中國人，視而不見、聽而不聞，雖然一直在說格物致知，卻沒有踐行。沒能在科學技術的探索和發明上有更大的進步，失去了領先世界的優勢。這實在是令世人遺憾的事。

〈子夜吳歌・秋歌〉的萬戶搗衣聲

　　下面這一首詩是李白的子夜四時歌四首中的〈子夜吳歌・秋歌〉：
「長安一片月，萬戶搗衣聲。秋風吹不盡，總是玉關情。何日平胡虜，
良人罷遠徵。」

　　這首〈秋歌〉寫得很美，詩裡有月光，有聲音，有秋風，有情
感，美極了！

　　另一首是張繼的〈楓橋夜泊〉：「月落烏啼霜滿天，江楓漁火對愁
眠。姑蘇城外寒山寺，夜半鐘聲到客船。」

　　我的日本朋友說，這是他們日本人最喜歡的兩首詩。特別是〈秋
歌〉，幾十年前，有個日本朋友說日本文部省曾出資幾百萬日圓研究這
「一片月」，究竟是一片月光還是一個月亮。可見他們喜愛這首詩的程
度。

　　關於〈秋歌〉，人們通常都說這首詩美極了：長安城下，月光如
水，家家戶戶都在準備衣服，秋天了，應該送過冬衣服的時候，婦人
們想念出征的丈夫，母親們想念戍邊的兒子，希望他們能夠快點打完
仗，贏得大勝仗，然後早點回來。

　　但你是否覺得有些不對呢？——為什麼家家戶戶要在月光下趕做
衣服？如果因為打仗太辛苦，長安的婦人們想念她們的丈夫，為什麼
不早準備？為什麼要等到最後一晚才來洗衣服？所以為了解決這個疑

慮，我們需要去研究一下歷史，需要深入瞭解唐朝當時的政治情勢，兩個大將高仙芝與封常清，一直打到帕爾米亞高原，已經把整個西北給征服了，哥舒翰征服了吐蕃，安祿山征服了東北。這些大將軍與他們的士兵們多半是胡人，唐朝人不親自作戰，是雇募胡人去打仗。尤其是京城長安的人，根本就不知道打仗是怎麼回事，從白居易的詩〈新豐折臂翁〉中可以看出：「翁雲貫屬新豐縣，生逢聖代無徵戰。慣聽梨園歌管聲，不識旗槍與弓箭。」他們只知唱歌跳舞，不懂長槍與弓箭。長安人不但不懂得打仗，甚至連這些作戰的武器都沒有見過。但是月光下，長安為什麼「萬戶搗衣聲」呢？所以我覺得傳統的解釋是不對的。

　　縱觀李白的一生，他所經歷的戰爭，只有一次長安保衛戰，就是天寶十四年（公元 755 年 11 月）的安史之亂爆發，安祿山攻打潼關，唐玄宗緊急籌集軍費，募集二十萬大軍。當時承平日久，唐朝已經幾代人沒有見過戰爭，士兵的刀槍都生鏽，軍服也腐爛了，所以需要在月光下連夜趕製軍服。這就是二十萬男兒為什麼突然要去當兵出征，家人就在家裡為他們連夜趕做軍服。而且我們知道，他們出征潼關的結果是大敗。到了天寶十五年（公元 756 年）六月，哥舒翰受命出潼關攻打叛軍，結果唐軍大敗，將近二十萬人出征，而逃回潼關的只有八千餘人。緊接著潼關失守，安祿山又把長安攻下來，就跟 1937 年 12 月發生在南京的大屠殺一樣，長安城也遭到空前的浩劫。

　　所以這一首詩在我看來是非常淒涼的。婦人們送她們的丈夫出征，希望他們能夠勝利回來，結果全軍覆沒。陳陶的〈隴西行〉：「可憐無定河邊骨，猶是春閨夢裡人。」婦人們還在想她們的丈夫、兒子，但是實際上他們早已變成荒野、戰場上的枯骨。而且這些婦人們也緊接著遭到了空前的浩劫，如同韋莊在〈秦婦吟〉中形容的「內庫燒成錦繡灰，天街踏盡公卿骨」的情形。這首詩為我們展現了唐朝那個太

平時代腐敗的政府，毫無作戰的準備，臨時抱佛腳，要在一夜之間趕製軍服，將沒有受過訓練的百姓送去作戰，這等於是拋棄他們。子曰：「以不教民戰，是謂棄之。」[11]這樣的現實非常淒慘。安史之亂持續八年，生靈塗炭，大唐從此由盛轉衰。

　　李白的〈子夜吳歌〉的第四首「冬歌」，寫的也是連夜縫製徵袍的事。「明朝驛使發，一夜絮徵袍。素手抽針冷，那堪把剪刀。裁縫寄遠道，幾日到臨洮？」從秋夜到冬夜，那些婦人們緊張地趕製冬衣，要送給遠方的戰士。在寒冷的冬夜裡，婦人們凍得手都拿不住針線和剪刀了，可是為了趕上第二天一早驛站使者的寄送，她們仍然不顧寒冷，在努力趕製。

　　不管是李白的〈秋歌〉還是〈冬歌〉，都可見當時唐朝兵力的緊缺、戰爭氣氛的緊張，以及百姓在戰爭危機中的艱難處境。元曲作家張養浩寥寥幾筆：「興，百姓苦；亡，百姓苦。」就寫出了幾千年來中國百姓的苦難。

　　所以瞭解詩歌，還需要從歷史和當時社會實際狀況入手加以分析，否則就會誤解、曲解詩歌的主旨和詩意。像杜甫、李白這樣的詩人，他們觸景生情，有感而發為詩篇，寫的都是內心的真實感受，所以他們詩歌裡描述的生活，一定有其真實性，一定是真實生活的藝術體現。只有我們把詩作還原到當時現實生活的場景中，才能真切瞭解詩人所見、所思、所感。這種探究和思考的功夫，也是一種科學探索和發現的方法。

---

11. 《論語·子路》

血淚交加的〈祭姪文稿〉

　　我們再回頭看「安祿山造反」，這是非常值得研究和關注的一段歷史，如果有機會大家不妨好好地研讀一下。我十二歲的時候在課堂上偷偷地看這段歷史，結果老師走過來就把我的書給撕了。

　　安祿山從範陽舉兵造反向長安進攻的時候，唐朝北方的幾十個郡縣城市聞風投降，只有一個人守住了現在北京南邊的一個小城，那就是書法大家、時任平原太守的顏真卿。當時的平原郡、博平郡、清河郡防守堅固，是當時抵抗安祿山叛軍的中堅力量。另外一個是在南方的張巡，堅守睢陽城（大概在山東南邊、江蘇北邊的一個小城）達十個月之久，以數千人抵抗叛軍十三萬人，前後交戰四百餘次，使叛軍損失慘重，有效阻遏了叛軍南犯之勢，遮蔽江淮地區，保障了唐朝東南的安全。在西方郭子儀守住了太原。他們都是用很少的軍隊守住城池。再加上鎮守潼關的二十萬大軍，這四個防禦點就像四根柱子一樣，把安祿山的叛軍困在中間。在當時國家危難的時刻，他們是當之無愧的國家棟梁。

　　瞭解中國書法的人都知道顏真卿的書法筆力雄厚，他的字世稱「顏體」，他與柳公權、趙孟頫、歐陽詢並稱「楷書四大家」。他與柳公權並稱「顏柳」，被稱為「顏筋柳骨」。我非常欽佩顏真卿。他一介書生，因不動聲色、提早準備，能以一個很小的平原城抵擋住安祿山的

大軍好幾年，非常了不起。

安史之亂時，顏真卿的哥哥顏杲卿是常山太守，兒子顏季明負責向外傳遞消息。到了第二年（公元 756 年）正月，史思明圍困常山，叛軍俘虜顏季明，脅迫顏杲卿投降，但顏杲卿不肯屈服，顏季明就被斬首。當時城裡兵力不足，物資短缺。常山城很快被攻破，顏杲卿等寧死不降，被叛軍俘獲，送到東都洛陽。他怒罵安祿山，安祿山惱羞成怒，命人把他綁在橋柱上，顏杲卿罵不絕口，安祿山就肢解並吃了他的肉，鈎斷了他的舌頭，顏杲卿仍是罵個不停，最終被殺，終年六十五歲。

文天祥稱讚顏杲卿的氣節，將他和守睢陽的張巡並列，說「為張睢陽齒，為顏常山舌」。明代的抗清志士張家玉在「自舉師不克，與二三同志怏怏不平賦此」一文中稱頌顏杲卿：「落落南冠且笑歌，肯將壯志竟蹉跎。丈夫不作尋常死，縱死常山舌不磨。」顏氏滿門忠烈，令人讚嘆。758 年（唐乾元元年），顏真卿派姪子泉明尋到了杲卿的一隻腳、還有季明的頭骨，痛心不已，就作了這篇血淚交加的〈祭姪文稿〉，以祭奠死難的姪子季明。這篇文稿被元代的鮮于樞譽為「天下行書第二」，它與晉代王羲之〈蘭亭序〉、宋代蘇軾〈黃州寒食帖〉並稱為「天下三大行書」法帖。

安祿山進攻的時候，張巡死守潯陽兩年。郭子儀只有三萬軍隊，要抵擋安祿山的二十萬大軍，他的戰略是：「敵強我弱，敵進我退，敵駐我擾，敵疲我打，敵退我追。」毛澤東的戰略思想跟郭子儀不謀而合，我想毛澤東一定也喜讀郭子儀傳，只是我的書被小學老師撕掉了，他的書沒有被撕掉。他與郭子儀一樣，多建奇功。郭子儀的策略是這樣的：哥舒翰守住潼關，顏真卿守住平原，張巡守住潯陽，郭子儀則單方面從山西長征河北，一直打到安祿山的老巢，去救困在平原孤城裡的顏真卿，那麼安史之亂就可以在一兩年內結束。可惜玄宗昏

庸，下令沒有訓練過的潼關部隊出征，結果全軍覆沒。潼關與長安先後陷落，郭子儀被迫從河北回軍趕回山西靈武去拯救剛上位的唐肅宗。顏真卿糧盡援絕被迫放棄平原城，張巡與濤陽城全體軍民城破戰死濤陽，四根柱子斷了三根，國家情況大壞，烽火連三月，八年之後，郭子儀才平定了安史之亂。

　　雖然這篇滿含血淚的〈祭姪文稿〉，被稱為書法史上的傑作，但我還是更願意把它當作一篇顏真卿的性情文字來讀。「父陷子死，巢傾卵覆。天不悔禍，誰為荼毒？念爾遭殘，百身何贖？」當你讀著這樣哀慟的文字，便會覺得在戰亂年代生命和親情無可平復的傷痛！然後我們再向歷史深處去探究，會發現文章背後，那個時代的悲劇，戰爭的慘烈，叛軍的殘暴，朝廷的昏庸和義士的壯懷。如果你不走入那個時代，不去探究那個時代戰爭中的諸多線索，不去關注顏真卿和他的兄長、他的姪子顏季明的大義凜然的風骨，那麼，這篇被歷代書法家奉為珍寶的「第二行書」，就會失去觸動人心的生命價值。

　　如果我們從這篇文稿走到當時歷史深處，發現當時從朝廷到各級官員的諸多不堪之處，便會感慨，如果歷史可以重來，如果玄宗皇帝和當時的人們能夠像顏真卿一家這樣以大唐社稷和百姓福祉著想，如果能按照郭子儀的戰術思想，讓顏真卿、顏杲卿、張巡、郭子儀這樣的忠臣義士率兵平叛，大唐就會少多少年的戰亂之苦，百姓就會早日結束「萬戶搗衣聲」的辛勞。只可惜，歷史不能假設也不能重演，我們只能對著這幅「祭姪文稿」的血墨淚痕，祭奠那個化為塵煙、消失在歷史長河中的大唐。

　　我在中國浙江大學演講的時候講了下面這一段話：

　　「到了一千一百多年後的 1937 年，中國又經歷了一次這樣的國難和動蕩。這一年，盧溝橋事變爆發，日本侵華變本加厲。11 月 5 日，日軍在杭州灣登陸，守衛上海的國軍被三面包圍，緊急向南京方面撤

退，緊接著，12 月 13 日開始，日軍在南京展開了毫無人性的大屠殺。在這種緊急的情況下，浙大的師生徹夜準備，整理行裝，在著名地理氣象學家竺可楨校長帶領下，踏上了輾轉逃亡、西遷辦學的征程。他們是不是跟『長安一片月，萬戶搗衣聲』那樣火燒眉頭的緊急情況有點像？

　　「他們首先自浙江建德遷到江西吉安，再到廣西宜山，跨四個年頭，易四次校址，越六個省份，長途跋涉五千餘里，於 1940 年在黔北的遵義、湄潭、永興一帶定居辦學六年半，薪火不絕。在湄潭的七年中，浙大在國內外發表的論文超過當時中國所有的大學。中國的物理學年會連續四次在湄潭召開。浙大師生還將文瀾閣版《四庫全書》成功轉移至貴陽，為中華文化之延存盡力甚偉。他們齊心協力、勇赴國難的精神是不是跟顏真卿、顏杲卿、顏季明一樣偉大？」

　　我將李白的「子夜吳歌・秋歌」改寫了如下，以此來紀念浙江大學西遷的悲壯故事──

　　「浙大一片月，萬戶搗衣聲。秋風吹不盡，總是故鄉情。何日平倭虜？師生罷長征。」

▶▶ 6-6
王昌齡〈從軍行〉考證

　　王昌齡的詩歌〈從軍行〉共有七首，我們來說一說其中的第四首：「青海長雲暗雪山，孤城遙望玉門關。黃沙百戰穿金甲，不破樓蘭終不還。」

　　很多人都知道這首詩是唐代邊塞詩的代表作品。王昌齡是七絕聖手，更是一個優秀的邊塞詩人。對這首七絕，古往今來有不少的解釋，詩歌前兩句提到三個地名：青海、雪山、玉門關。常規的教科書和唐詩注本上解釋說，這首詩裡的「青海」指的是青海湖，「長雲」是連綿不斷的雲，「雪山」就是祁連山，因為雲層很長很厚，所以祁連雪山被這個雲遮得很暗。這就是「青海長雲暗雪山」。

　　如果我們只是從字面上來理解和解釋古代詩詞，那麼就會為這種簡單而偷懶的行為而付出代價。這個代價就是誤讀、曲解古人，就會自欺欺人、誤人子弟。所以我一直堅持在理解古人詩歌的時候，不僅要對作者所處的時代背景、個人經歷有基本瞭解，還要有科學的、理性的思維的參與。也就是說：科學的探究和發現方式，有助於我們對中國古代詩歌文學的研究和欣賞。

　　怎麼研究呢？一個是實地考證與調查，一個是遍搜各種文獻資料來求證。這兩樣都不可或缺。

　　我曾就這首詩提到的地名，實地跑到玉門關外去做了考證和調

查。歷史上，玉門關幾次遷移，這裡我們通常提到的玉門關，實際是漢玉門關。到了當地以後，我發現玉門關外並沒有水，在幾公里外有一條河，哪裡有青海湖？而青海的青海湖，在好幾百里之外，即使天氣晴好，站在玉門關也根本看不到青海湖。所以這個解釋是荒謬的，這是從地理上考證得到的結論。

人們都說「雪山」即河西走廊南面橫亙延伸的祁連山脈。青海湖離敦煌近九百公里，青海湖離祁連山約六百公里。青海湖與玉門關東西相距近千里，卻同在一幅畫面上出現。人們覺得從地理學的角度理解是有問題的，但是沒有進行深入細緻的研究和發現，於是就強作別解，有了各種各樣令人難以滿意信服的解釋。

有人又說「孤城遙望玉門關」的孤城是玉門關，站在玉門關遙望玉門關，這可能嗎？這顯然是違背邏輯的。也有人說孤城是指陽關。我認為這兩種解釋都是錯誤的解釋。

我們印象中，玉門關位於茫茫戈壁，缺少水源。熟悉歷史的人可能都知道，歷史上的「關」，除了戰爭的需要，更重要的一個作用是保護水源。漢玉門關也不列外。戈壁沙漠，淡水奇缺，保護水源就是保護生命。玉門關的水在哪裡？史料記載，漢玉門關外七八里外有一條河。但我到了玉門關觀察後才發現，今天，人們口中所謂的玉門關，是位於敦煌北邊九十公里、絲綢之路上的重要關隘——漢玉門關。而今天的玉門關，四周依然是乾旱一片。

唐朝的玉門關，在葫蘆河東岸，南有鎖陽城，西有苜蓿烽，清代設雙塔堡。據《敦煌文書》記載，吐蕃佔領沙州之初，「玉關驛戶張清等，從東煞人，聚徒逃走，劫馬取甲，來赴沙州。千里奔騰，三宿而至。東道烽鋪，煙塵莫知。」從位置上來看，玉門關在敦煌的東邊，不過根據書籍記載，這個地方應該在距離敦煌約一百七十公里處，大概需要三、四天的腳程。於是我根據記載來到了這個地方，現在叫

「雙塔堡」，裡頭有個雙塔水庫建在疏勒河的中游。這個雙塔水庫始建於 1958~1960 年間，是甘肅最大的農業灌溉水庫。據資料記載，唐朝的玉門關早在 1958~1960 年期間因修建水庫而被淹沒，所以根本就看不到，看來就連「春風不度玉門關」指的應該也不是這個玉門關。

我進一步查證唐代玉門關的位置，發現有資料顯示應該是位於現今疏勒河的南岸。所以「青海」是什麼呢？不就是當年的疏勒河下游、現在的雙塔水庫流淌的河水嗎？唐朝的玉門關是用來鎮守疏勒河水源，保護水源的。要知道水源是多麼重要啊！沒有水源，荒漠邊陲，何以鎮守？保護住了水源，就能牽制往來的人馬，這個關口才會有實際的意義。所以古代在這個地方設置關口，不僅因為這裡的地勢險要，更重要的是因為這裡有水源，為了鎮守、擁有水源的控制權。在那「黃沙」漫天的荒漠戈壁上，控制水源才是致勝的關鍵。

這條疏勒河古代叫「籍端水」、「冥水」。「疏勒」在蒙古語是「多水」的意思。它源於祁連山區疏勒南山與陶賴南山之間的疏勒腦，西北流經沼澤地，匯高山積雪和冰川融水及山區降水，向西流經雙塔水庫，然後過了安西，到了敦煌北邊，河流全長六百多公里。唐代李吉甫的《元和郡縣圖志》就說：「冥水，自吐谷渾界流入大澤，東西二百六十里，南北六十里。豐水草，宜畜牧。」《中國歷史地圖集》中，漢代至唐代的一些地圖就把「籍端水」、「冥水」標為今疏勒河。可見這條在唐代叫作「冥水」的疏勒河是古代的一條大河，而我們知道「海」在古漢語裡就有接納百川的「大河」、「大湖」的意思。所以王昌齡詩歌裡的「青海」，指的並不是青海湖，而是他眼前所看到浩淼寬闊的疏勒河，也就是「冥水」。至於「青海」的意思呢？就是青青的大河，翻譯成白話，大概就是「一條大河波浪寬」的意思吧。

那麼王昌齡這首詩第二句「孤城遙望玉門關」裡說的「孤城」是什麼城？我認為這個「孤城」不是陽關，也不是「玉門關」。有人說

「孤城遙望玉門關」是「遙望孤城玉門關」的倒裝句，為了格律詩平仄的和諧而倒裝，這是不對的。這個「孤城」是鎖陽城，也就是唐代的晉昌城。為什麼是鎖陽城呢？因為這裡具有我國保存最完好的古代軍事防禦系統和古代農田水利灌溉系統，完全符合水源和戰事兩個條件。

鎖陽城是古絲綢之路重鎮，在隋唐時代更是瓜州州府的所在地。鎖陽城原名為苦峪城，而「苦」和「孤」在西北的發音上非常類似。同時這裡也是古代絲綢之路連結中原與西域地區的重要樞紐「河西走廊」，更是我們人類如何利用自然和改造自然的傑出典範。

玄奘法師西行求經，於貞觀三年（公元 629 年）秋天月間抵達了晉昌城停留問路。「或有報雲：從此北行五十餘里有瓠𦪇河，下廣上狹，洄波甚急，深不可渡。上置玉門關，路必由之，即西境之襟喉也。關外西北又有五烽，候望者居之，各相去百里，中無水草。」[12]

那時候的晉昌城也就是現在的鎖陽城。

這個「瓠𦪇河」又叫瓠蘆河，也就是現今的疏勒河，水勢很大，水面寬闊。玄奘法師在瓜州找了一位胡人做嚮導。「三更許到河，遙見玉門關。」[13] 由這段記載，可見唐代的玉門關與疏勒河是相連的，玉門關以南就是瓜州城。這個晉昌城孤零零地設在玉門關的南面，與玉門關遙相呼應，主要的軍事作用也自然是掌握疏勒河水流的控制權。不論是現代還是古代，水源都十分重要，保護水源，在戰爭中也就掌握主動權。確定了這個「孤城」是鎖陽城，也就是唐代的晉昌城，接下來這首詩裡的一些問題就容易解決了。

《元和郡縣圖志》說唐瓜州晉昌郡「南至大雪山二百四十里」；在記述晉昌郡所屬名山大山時又說：「雪山，在縣南一百六十里，積雪復不消。」說得實在是太詳細了。在今天的鎖陽城南八十公里處正好有

---

12. 唐慧立彥悰：《大慈恩寺三藏法師傳》。
13. 唐慧立彥悰：《大慈恩寺三藏法師傳》。

大山，叫「野馬山」，呈東西走向，它是祁連山的支脈，峰頂達四千公尺以上，終年積雪，應該就是王昌齡這首詩裡說的「雪山」。西北地區乾旱，沒有空氣污染，又沒有高大建築的遮擋，所以王昌齡在晉昌城裡可以看到八十公里外的雪山。

所以，古人寫詩，雖然有想像，有誇張，像李白「白髮三千丈」、「飛流直下三千尺」，但是，他們創作的態度是認真的，對現實的思考和觀察是真實的，王昌齡的詩歌也是如此，他詩中所寫的，都是他所見到的真實風物景色，沒有虛構，也沒有天馬行空無邊無際，所以不會寫他看見了千里外的青海湖，不會寫看不到的遠景。翻閱一下王昌齡的生活軌跡，就可以得知他在二十七歲前後時，曾經赴河隴，出玉門，有過邊塞的生活體驗。他的邊塞詩大約應作於此時。王昌齡的七首〈從軍行〉中有「前軍夜戰洮河北，已報生擒吐谷渾。」我們查閱史料發現，開元十一年（公元 723 年），有吐谷渾在沙洲[14]，也就是現在的敦煌，向河西節度使投降的史實，可見王昌齡是一個寫實的詩人。

所以這首詩是非常精準的，只是後人的解釋完全錯誤，不僅把那個「青海」誤認為當今的青海湖，還把唐朝的玉門關誤認為是漢朝的玉門關。「孤城遙望玉門關」中的「孤城」是晉昌城，也就是今天的鎖陽城，所以玉門關和晉昌城有青青的大河，就是疏勒河。在晉昌城不僅能看到玉門關，還能看到野馬雪山，這些景物都真實存在，只可惜後人未進行科學的考察和發現，就對一些解釋信以為真，以訛傳訛，反而使得真正的見解和發現像這個雙塔水庫下的古蹟一樣，淹沒在歷史當中了。現在由於人們對自然環境的過度開發，致使地下水位下降，疏勒河改道，土地沙化，現在這裡已經看不到王昌齡詩中「青海」

---

14. 吐谷渾：中國古代少數民族名稱，晉時鮮卑慕容氏的後裔。據《資治通鑑》記載，玄宗開元十一年（西元723年），秋，八月，吐谷渾畏吐蕃之強，附之者數年。九月，壬申，帥眾詣沙州降，河西節度使張敬忠撫納之。

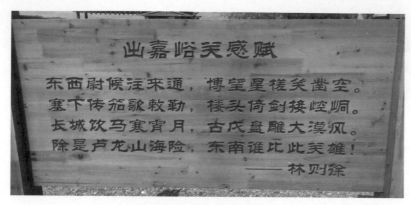

林則徐出嘉峪關感賦

的風采了。

　　既然說到了玉門關，我們不妨也來談談離玉門關不遠的嘉峪關，在嘉峪關入口處有一塊石碑：

　　這是林則徐〈出嘉峪關感賦四首〉中的其中之一，道光年間（公元 1841 年），林則徐因禁菸獲罪，被貶新疆西行至甘肅的嘉峪關，目睹綿延的祁連山，關城的雄偉與威嚴，他感慨極了，興致所至，寫下千古名篇：「嚴關百尺界天西，萬里徵人駐馬蹄。飛閣遙連秦樹直，繚垣斜壓隴雲低。天山巉削摩肩立，瀚海蒼茫入望迷。誰道崤函 [15] 千古險，回看只見一丸泥。」

　　從嘉峪關是不可能看到千里外的崤關、函關。對於一位同時代中為數不多具有國際視野的官員來說，他在這首詩中已經敏感地預料國家的逐漸衰敗，當他遙望關外，蒼茫的戈壁視野模糊，我想林則徐想表達的意思是：「苟利國家生死以，豈因禍福避趨之」，個人的榮辱與整個帝國的命運相比，太渺小了，「回看有如一丸泥。」

---

15. 崤函，中國古地名，指崤山與函谷關，兩者都在現今的河南省。

甲午戰爭與王陽明心學

　　這個章節我想和大家分享我學習王陽明「心學」的心得，以及對甲午戰爭的分析。

　　甲午戰爭對我們近代的發展影響真的太大了，割地賠款，不但削弱了自己，還壯大了日本，導致中國被日本欺負殘害六十年。我們海軍慘敗的原因，一般都說與慈禧太后濫用公款有關，她把海軍的軍費拿去蓋她的頤和園，使得中國海軍沒有最新的火炮，這確實是原因之一。不過當時日本的國防費用是國家年產值 GDP 的 27%，足足十倍於清朝，乃原因之二。而原因之三則是我們的運兵計劃被洩露，所以中國海軍在朝鮮被日軍偷襲。最後還有一個致命的原因是，那時中國的作戰陣法完全錯誤，從資料中可以清楚知道日本海軍所用的陣法為「一字長蛇陣」，軍艦一排全部展開，這在十八、十九世紀各國的作戰上屢試不爽，因為船邊上的火炮最多，有幾十門炮，而船前面只有幾門炮，所以都是用船的側面來面對敵人；比如法國的拿破崙、西班牙的艦隊，擺的都是一字長蛇陣。

　　中國擺的卻是一個雁字陣，把指揮艦「定遠艦」放在前面當先鋒，就像關雲長或者張飛向前衝，主將向前衝，一個軍艦船頭只有幾門炮，敵軍每一艦艇邊上都是幾十門炮，這怎麼打得過？我看過甲午戰爭的海員記錄，上頭記載敵人的炮火像雨點一樣地落下來。當然，

別人的炮比我們多一百倍，不用打就知道這等於去送死，一定輸。而且日軍的炮彈是新式的爆破彈，殺傷力很大，中國則是老式穿甲彈，只能在甲板上穿一個洞。日本人把小小的指揮艦吉野號藏在最右端，遠遠的指揮。打蛇打七寸，所以中國正確的戰略應該是攻敵所必救，在日軍炮火的射程之外，整個艦隊就 90 度向右急轉彎，用我們最大的定遠艦領頭，集中火力去打日軍的指揮艦。

但中國指揮艦卻是帶頭衝鋒，有猶如關雲長騎赤兔馬衝鋒，被人一陣百炮齊放就打掉了。指揮艦都沒有了，怎麼指揮整個艦隊作戰？北洋艦隊為什麼會用這個雁字陣，我的猜想是北洋艦隊食古不化，採取一千四百年前唐朝老將劉仁軌在白江口之戰（亦稱白村江之戰）的陣法。

唐高宗龍朔三年（公元 663 年），當時的朝鮮是三國時期，高句麗和百濟侵略新羅，新羅向唐朝求救，唐高宗命蘇定方支援新羅，百濟求救於日本；於是，中日歷史上第一次海戰就此爆發。8 月 27 ～ 28 日，唐朝、新羅聯軍與日本、百濟聯軍在白江口（今韓國錦江入海口）發生水戰。

當時日本出動戰船千艘，海軍四萬多人。而唐朝有龐大戰艦一百七十艘，海軍萬人。劉仁軌採用二龍出水陣，指揮船隊變換陣形，分為左右兩隊，利用他的龐大戰艦居高臨下，用強弩對日軍艦艇上的人員進行射殺，再利用投石機包裹著火油彈攻擊日軍的戰艦，兩條巨龍將日本小船艦隊從中間攔腰切成兩段，做成反包圍，個別摧毀。「煙焰漲天，海水皆赤」。

一戰下來，日軍損失大半，唐軍輝煌勝利。此後，日本有九百多年不敢窺視朝鮮半島。

而甲午戰爭，敵我異勢，雖然中日艦隊的大小數量相當，但是日本船側的火炮遠遠強於北洋艦隊船頭的火炮，兩條小龍不但衝不斷一

字長蛇陣，龍頭首遭重創，群龍無首，龍身反被長蛇圍起來殲滅。我們要汲取慘痛的歷史教訓，以後不要再犯類似食古不化的錯誤。

談到甲午戰爭，就必須談王陽明心學對日本的影響。陽明心學在日本影響深遠，明治時期的日本一方面學習西方先進知識，一方面將陽明心學作為思想動力，掀起了「明治維新」運動。王陽明的心理戰如此強大，為何在明清不被當時士大夫重視研究，反而被日本拿去運用，難道是禁書？

中國人是格物致良知而成為一個文明人，結果戰爭失敗了；而日本人則是格物致惡知，贏得中日戰爭。「格物致知」被日本人濫用，作為侵略亞洲各國和偷襲美國珍珠港的法則，至今仍在使用。我們必須認清這一點，才能有效地反制。

王陽明講授格物致良知以激勵他的追隨者，在實踐中遵照格物致惡知對付那些叛軍和土匪，教導他的手下「格物」──蒐集情報，然後組織這些毫無戰鬥經驗的烏合之眾，攻敵之無備，「致知」──神出鬼沒，頻頻智取那些在人數和裝備上都要勝過他們十倍的叛軍和土匪。

作為日本海軍大將的東鄉平八郎，和同鄉西鄉隆盛一樣，深受陽明心學的影響，尊崇王陽明。坊間盛傳東鄉平八郎隨身攜帶的一塊腰牌上刻著「一生低首拜陽明」、「陽明門下走狗」刻在牌子上隨身攜帶，但這並無確切證據及史料記載。他率領日本海軍在朝鮮偷襲，打敗大清帝國北洋海軍，接著在威海生擒殘餘的北洋艦隊，然後以逸待勞消滅俄羅斯帝國遠東艦隊以及遠道而來的波羅的海艦隊，使用的似乎簡直就是搜索一切天地人的情報（格物），攻心為上，擊其不備，以逸待勞，神出鬼沒（致知）的陽明心理學與戰法。

日本迅速崛起成為亞洲和世界強國，陽明心理學與戰法被日本濫用，作為侵略亞洲各國和偷襲美國珍珠港的總則，至今仍在使用。所以我們必須認清這一點，超越陽明心學與戰法，才能有效地反制。

下面我比較一下王陽明與姜太公。

明武宗荒淫無道，縱容閹黨，陷害忠良，王陽明就深受其害：他上書彈劾大太監劉瑾，結果反被劉瑾陷害，廷杖四十，囚於極度殘暴的詔獄。之後發配蠻荒之地的貴州龍場，當一名沒有驛站的驛卒。一路上又被閹黨錦衣衛追殺，王陽明好不容易以金蟬脫殼之計——他寫了兩首絕命詩，將詩與衣物遺留在錢塘江邊，自己投江潛水逃生，才得以保存性命。

之後王陽明以心學大師聞名天下。他又消滅了盤踞江西南部數十年，有如水滸傳中的梁山好漢的山賊，被譽為中華民族五百年來第一心學大師。

明寧王的曾祖父本是明太祖朱元璋的十六子朱權，朱權的四哥燕王朱棣造反，請助於朱權，朱權不允。朱棣請求朱權，看在兄弟面上，送他出城，朱棣卻在城外預埋伏兵，挾持朱權與他一同反叛，遂一舉攻下南京城，顛覆了當時的建文皇帝朱允炆的統治，千古忠臣方孝儒被滅十族。

寧王朱權的子孫對此耿耿於懷，又見明武宗如此荒淫無道，不理朝政，於是經過十年的勵精圖治、秣馬厲兵，建立了一支強大的陸軍水師，三次請求王陽明效法姜太公輔佐周武王，可惜王陽明空講了一輩子致良知的心學，居然助紂為虐，不辨善惡，幫助明武宗和閹黨，用心學生擒寧王。可是武宗和閹黨反而責怪王陽明違旨，勾結寧王，被革職查辦，幫助王陽明打敗寧王的幾位功勞最大的人，也都紛紛被捕下獄，慘遭嚴刑逼供，有的因不肯連累王陽明，甚至於被暴虐致死。王陽明把他最得力的將領與學生送上虎口，內心能不感到慚愧嗎？之後閹黨繼續專政，陷害忠良，名士左光斗、名將袁崇煥都不免慘遭嚴刑暴虐致死，慘劇一直延續到明朝覆亡。

孔子說「君不君則臣不臣，君視臣如草芥，則臣視君為寇仇」，齊

魯君王貪戀歌舞，忘了給孔子送祭肉，孔子便說「是可忍，孰不可忍也」，辭去了大司徒的職位。

商紂王無道，寵愛妲己，尚有雄才武功，明武宗閹黨荒淫殘暴遠勝於商紂王，假如當年姜太公答應周文王的請求，卻陽奉陰違，反幫商紂王，滅了周武王，然後被殘暴的商紂王迫害，姜太公算是智者嗎？

王陽明不分大是大非，鑽研在一些小事小功上，一片愚忠，助紂為虐，能算是心學大師嗎？我們應該撥亂反正，糾正王陽明的錯誤。

儒家經典《大學》提出入學的「八目」，其中最基本的就是格物致知。王陽明因為朱熹的教導，決定去格竹子，結果幾天過去了，也格不出一個名堂來，還「格」壞了身體，於是他放棄格竹而去格心理學，龍場悟道，講心學、平叛、剿匪，在閹黨的迫害下求生存，都取得極大的成功。

其實上，中國古代的學者都只是把注意力放在格「哲理」，而不是格「事理」上。雖然後來清代把研究自然科學成為「格致」之學，但是明清以前的人是輕視科學技術研究的。要知道，格竹子裡的哲學道理並不能讓很細的竹子長得很高，也不可能研究出植物學、結構學，無法探討出如何用一些很輕的中空支柱來支持一個高大的建築物。

從科學的角度來看，格物就是觀察與實驗，致知就是發展理論來解釋觀察與實驗的結果。格物致知是科學的基本法則與態度，我們應該把它發揚光大，用現代科學的方法去研討人文科學，絕不能僅僅局限於陽明心理學。

故國神遊，把王陽明與興周 800 年同樣擁有出色文韜武略的姜太公相比，希望陽明學說的推崇者能夠諒解，春秋大義，責備賢者。

中詩的英譯

　　翻譯是門大學問，做到「信、達、雅」很有難度，中國的翻譯界一直遵循這個翻譯原則；而中詩英譯則更是難上加難。雖然一首詩由不同的人讀，其感受與理解就會不同，可以由譯者創造性地發揮，但是人、地、時與事件都不能錯，不能任由譯者天馬行空，也就是說，譯者不能離開詩人作品中具體的人物、事件、時間、地點任意發揮，這點又跟科學研究的嚴謹規範很一致。舉個例子：哈佛大學的教授史蒂芬・歐文（Stephen Owe）[16]是美國著名的中國文學研究專家，他有個中文名字叫「宇文所安」。在他翻譯的《杜甫詩歌全集》（*Complete Poetry of Du Fu*）裡有「春望」這首詩：「國破山河在，城春草木深。感時花濺淚，恨別鳥驚心。烽火連三月，家書抵萬金。白頭搔更短，渾欲不勝簪。」

　　杜甫這首詩寫於安史之亂時期，在唐肅宗至德二年（公元 757 年）的春天。安史之亂爆發後，杜甫到鄜州（今陝西富縣）羌村避難，聽說肅宗在靈武即位，就欲前往靈武投奔朝廷，結果路上被叛軍俘虜，旋即被押往叛軍佔領的長安。當時詩人王維也被俘虜，安祿山逼王維出任偽職。而沒有知名度的杜甫，到了長安很快就被釋放，但他無處可

---

16. 史蒂芬・歐文（Stephen Owe，1946～），美國漢學家。主要從事中國古典詩歌和文論以及比較文學和世界文學研究。2018 年榮獲唐獎漢學獎。著作有《初唐詩》、《盛唐詩》、《中國中世紀的終結中唐文學文化論集》、《晚唐詩 827~860》等。

逃，只能忍辱負重地在長安苟活。當時長安滿目瘡痍，一片蕭條，杜甫有所感懷而作了這首〈春望〉。到了四月，郭子儀大軍打到長安的北方，杜甫便從城西的金光門逃出長安，冒著生命危險穿過叛軍陣地，逃到鳳翔（現今陝西寶雞），投奔肅宗。之後肅宗授他為左拾遺，人們因此而常常稱杜甫為「杜拾遺」。通過杜甫的經歷我們知道，他當時在戰爭中顛沛流離，生活過得非常不堪。

本著春秋大義，責備賢者的精神，我也來討論一下哈佛著名的漢學家史蒂芬・歐文把杜甫的「烽火連三月」翻譯成「戰爭已經連續了三個月」；如果依照他這麼理解的話，其實三個月太短了，還不至於家書抵萬金、白髮都快掉光了。我們知道，安史之亂從 755 年冬天開始，到杜甫寫這首〈春望〉的時候，戰火已經燃燒了一年又五個月。戰爭初期，唐軍節節失利，狼狽不堪，仗打得非常艱苦。所以杜甫「烽火連三月」的意思不可能是戰火接連燃燒了三個月。安史之亂從公元 755 年開始不但到第二年的三月沒有結束，還持續到第三年的三月，而且越戰越烈，毫無停止的意思。戰爭最後持續了八年，即連續了八個三月，到公元 763 年才結束。所以杜甫這句詩的意思應該是：「戰火從公元 755 年開始接連不斷，到了 757 年的春天依然不能結束」，加上這段時間他被困在叛軍佔領的長安，與外界失去聯繫，無法接到家人的書信，所以接下來他才會說「家書抵萬金」。這樣才符合史實，符合邏輯。

從一句唐詩的翻譯，便可以發現，我們首先要弄懂唐詩，然後才能準確的把意思翻譯、表達出來。那麼如何才能弄懂唐詩呢？要想正確明白詩的意思，首先要清楚這首詩作的時代背景和歷史知識，否則，以其昏昏，使人昭昭，很有可能誤導讀者。如果英語國家的讀者讀了這樣的翻譯，認為杜甫只是經歷了「三個月」的戰亂，那就大大不妥了。

所以，要以科學的精神，以科學探究的方法，去探究文學作品背後的背景材料，然後才能有精準的翻譯。嚴復[17]提倡翻譯要做到「信、

達、雅」，這個「信」就是信實、準確、可靠。詩歌研究和詩歌翻譯跟科學研究一樣，容不得一絲一毫的胡編亂造、信口開河。

仍然是本著春秋大義，責備賢者的精神，下面我再舉一個例子，美國當代負有盛名的田園桂冠詩人默溫[18]曾經寫下他遙隔時空寄給白居易、蘇東坡的書信（A Message to Po Chu-I——By W. S. Merwin, March 8, 2010）。我們看這首〈寄語白居易〉的前幾行：

「In that tenth winter of your exile（你被貶謫流亡的第十個寒冬）」

白居易這一年剛被貶謫，不可能是「第十個年頭」！

「The cold never letting go of you.（寒冷從未離你幾分）」

「And your hunger aching inside you.（飢餓讓你五內俱焚）」

白居易身為江州司馬，是當地的高級軍事長官，他不可能餓肚子。

「Day and night while you heard the voices.（你晝夜都聽得見）」

「Out of the starving mouths around you.（四周飢餓者的呻吟）」

「Old ones and infants and animals.（還有那些老人、嬰兒和動物的屍骨）」

「Those curtains of bones swaying on stilts.（搖曳在樓台簾幕間的聲音）」

《全唐詩》收錄的白居易詩裡有一首〈放旅雁，元和十年冬作〉，題曰：「元和十年冬作」，可知這首詩是寫在元和十年。白居易在《琵琶行》的序說：「元和十年，予左遷九江郡司馬。」元和是唐憲宗的年號，史稱

---

17. 嚴復（1854~1921），初名傳初，後改名宗光，字又陵，後名復，字幾道。中國近代啟蒙思想家、翻譯家。曾為復旦大學校長，京師大學堂校長。嚴復系統地將西方的社會學、政治學、政治經濟學、哲學和自然科學介紹到中國。他的翻譯考究、嚴謹，提出信、達、雅的翻譯標準，對後世的翻譯工作產生深遠影響，是中國二十世紀最重要啟蒙譯者，譯作有《天演論》等。

18. 默溫（W. S. Merwin，1927~2019），美國詩人、新超現實主義詩歌流派代表詩人之一。1971 年獲得普利茲詩作獎，2009 年再度獲得普利茲詩作獎。2010 年，默溫被國會圖書館任命為桂冠詩人。

「元和中興」是指公元 806 ～ 820 年間，是唐代比較統一安定的時期。元和十年就是公元 815 年，這一年他被貶為江州司馬（現在的江西九江）。這次貶官，讓他「面上滅除憂喜色，胸中消盡是非心」，打擊很大。他在江州一待就是三年。三年後，他改任忠州刺史，離開了江州。

當我們瞭解了歷史，就會知道默溫詩裡說：「In that tenth winter of your exile」，他把「元和十年」（the tenth year of Yuanhe）以及「元和十年予左遷九江郡司馬」（exiled to be the most senior military officer of Jiujiang）誤解為「被貶謫後的第十個年頭的冬天」了。

我們來看看白居易這首〈放旅雁〉：「九江十年冬大雪，江水生冰樹枝折。百鳥無食東西飛，中有旅雁聲最飢。雪中啄草冰上宿，翅冷騰空飛動遲。江童持網捕將去，手攜入市生賣之。我本北人今謫謫，人鳥雖殊同是客。見此客鳥傷客人，贖汝放汝飛入雲。雁雁汝飛向何處，第一莫飛西北去。淮西有賊討未平，百萬甲兵久屯聚。官軍賊軍相守老，食盡兵窮將及汝。健兒飢餓射汝吃，撥汝翅翎為箭羽。」

這首詩寫的是元和十年，冬天大雪，白居易看到江上兒童捕捉到一隻在江上啄食水草的雁子，他覺得自己與雁子有一樣的遭遇，都是北方漂泊到南方的旅客，所以發了慈悲心，從兒童手裡贖了這隻雁子，把牠放飛了，還囑託雁子千萬別往西北方向飛，那邊是淮西，有吳元濟叛亂，戰亂未平，軍民都餓紅了眼，你飛過去一定會被射殺吃掉。直到元和十二年，李愬雪夜入蔡州，才平息了吳元濟叛亂。

我們查資料發現，元和十年冬天，九江沒有飢荒，白居易也沒有別的詩文記載元和十年冬季的飢荒，他作為當地的最高軍事長官——江州司馬，不可能不記載這樣的大事啊。可是沒有，為什麼沒有？是默溫理解錯了，他把「百鳥無食東西飛，中有旅雁聲最飢」，理解成了白居易所在的江州，百姓正在鬧飢荒，甚至因此展開想像，說周圍都是飢民的呻吟喊叫，滿是老人、嬰兒和動物的屍骨，就危言聳聽了。我們都知道冬天裡北雁南飛，大雪裡鳥兒沒有吃的，這算不上飢荒。

第四部

別錄

給朋友的信

1976 年，在瑞典斯德哥爾摩參加諾貝爾獎頒獎典禮之後，隔年五月，我寫了這封信。這封信共有兩個版本：一個較短，一個較長。

短版的是在五月的一個清晨，寫給遠在西雅圖的朋友楊牧，顯然此信觸動楊牧的心靈，引發他寫出一篇科學與文學對話的散文〈科學與夜鶯〉，其中引述了我的整封信，後來收錄在他的文集《搜索者》中。

靖獻吾友：

去年冬天，在瑞典斯德哥爾摩參加大典都懶得提筆向你描述的我，今天凌晨卻禁不住衝動的心情，提筆疾書為你趕這一封信。

午夜，我從實驗室裡出來，走進了黝黑的停車場，五月裡薰風吹在臉上，除去了一天的疲倦。四周靜悄悄的，我開了車門正要跨入，忽然被遠處婉轉悠美的鳥兒的歌聲吸引了，我聽了一會兒，越聽越覺得美妙無比。便走回實驗室，找到一位平日與我相處甚善的美國同事，邀他出來一起聽。他聽了一會，對我說，我有時也聽倒過。牠吵得我不能睡覺，說完便開車回家。留下我一個人，在空曠的實驗室停車場裡。

我尋著鳥兒鳴叫的聲音，沿著小徑向南走去，穿過三排房子，兩邊的研究室都已熄燈，悄無一人。走到路的盡頭，也就是實驗所的邊

緣，外面是一望無際的葡萄園，中間是法國與瑞士的交界線。我的法國學生經常非常自傲的對我說，這一帶出產瑞士最好的葡萄酒，可是也產我們法國最劣等的葡萄酒。我想他這樣說，是因為他家世代在里昂生產葡萄酒的緣故。籬笆外，有一棵高大健碩的栗子樹，鳥的鳴叫聲就是從那一片枝葉深處發出來。

鳥兒的歌聲越來越嘹亮有力，彷彿歌劇院的歌手，時而高昂，猶如花腔女高音，時而又深沉低吟，猶如抒情女低音，而且帶有多種的三聯音。我起先以為有一對鳥在合唱，慢慢才覺得高歌與低吟，不管如何急促，總不是在同一個時候發出，這才意識到是只有一隻鳥在歌唱。我心中一動，忽然想起在文學中常提到的、可從未聽到過歌唱的夜鶯，也想起了上大學時，在大肚山上相思林中，與朋友一起朗誦濟慈〈夜鶯〉詩的情景。

算算離開大肚山已經十四年了，這些年來，一個人離家東奔西走，一直忙著做實驗，每個試驗差不多都是三、四年，沉醉期間就像做了個夢，對人間事情不聞不問，與老朋友們也都疏遠了！這十幾年，就像四、五個長夢，回想起來，真有天上十日，地上十年的感覺。

這時一彎殘月，從東方冉冉升起，照在阿爾卑斯山的雪峰上，雄偉的主峰白山也隱隱可見，因為月亮在山的背後，山的正面是黝黑的，只有最上面有一線銀色的輪廓。我便在籬笆邊的一塊草地上坐下來，靜靜地、如癡如醉地聆聽。慢慢地回想濟慈在他的詩中形容如何被遠處森林裡的歌聲所吸引，他喜悅地連心都隱隱作痛，他深深地感到一個人聆聽這美妙歌聲時的孤獨，感慨自己身世的孤獨。詩人不是曾一再祝福夜鶯，希望會有一天，全世界的人都會欣賞夜鶯的歌聲，就像詩人他自己嗎？

一百多年過去了，夜鶯的歌聲依然那麼美妙，儘管牠嘔血唱出了世間的悲傷與喜樂，但是可憐的夜鶯，卻依然只有一個聽眾。這時，

我不得不為夜鶯和濟慈而嘆惜。

另一個長版是我收到楊牧的回信後，得知他把我的信發表在報紙上，並在我的信之前加了一些對一個能欣賞夜鶯與濟慈的科學家讚賞的話，但是我覺得他並沒有看懂我的文章，於是又在同年的七月添加了更多的內容，以便闡明我寫作時的本旨，寫好後也寄給楊牧，現在也附在這裡。

「今宵夢醒何處？曉風殘月夜鶯。」這樣的意趣與感懷，發生在從實驗室出來的一個夜間。科學與人文，在這個夜間，已經融為一體了⋯⋯

另外一位居住在波士頓的女作家朋友更是模仿脂硯齋為《紅樓夢》加註的方式，為此信添加詳細的注釋。

今宵夢醒何處？曉風殘月夜鶯。

靖獻①吾友：

去年冬天，在瑞典斯德哥爾摩參加諾貝爾獎頒獎大典②都懶得提筆向你描述的我③，今天淩晨卻禁不住衝動的心情，提筆疾書為你趕這一封信④。

午夜⑤我從實驗室裡出來，走進了黝黑的停車場，五月⑥的熏風吹在臉上，稍稍去除了一天的疲倦。四周靜悄悄的，我開了車門正要跨入，忽然被遠處婉囀悠美的鳥兒的歌聲吸引了，我聽了一會兒，越聽越覺得美妙無比。便走回實驗室，找到一位平日與我相處甚善的美國同事⑦，邀他出來一起聽。他聽了一會，對我說，「我有時也聽倒過。牠吵得我不能睡覺。」說完便開車回家。留下我一個人，在空曠的實驗室停車場裡。

我尋著鳥兒鳴叫的聲音沿著小徑向南走去，穿過三排房子，兩邊

的研究室，都已熄燈，悄無一人。走到路的盡頭，也就是實驗所的邊緣，外面是一望無際的葡萄園，中間是法國與瑞士的交界線。我的法國學生經常非常自傲的對我說，這一帶出產瑞士最好的葡萄酒⑧，可是也產我們法國最劣等的葡萄酒。我想他這樣說，是因為他家世代在里昂⑨生產葡萄酒的緣故。在籬笆外，有一棵高大健碩的栗子樹⑩，鳥聲就從那一片枝葉深處發出來。我曾經在栗子成熟的季節，興高採烈地在樹下檢了一袋栗子，本想重嚐久違的糖炒栗子香味，不料，一位波蘭裔的德籍女同事笑著說，它是苦的，只有鹿才會吃。她見我將信將疑，便解釋說二次大戰後，聯合國的難民署，將她和她的媽媽以及妹妹安排住在一個殘破的德國農家，整整一年，她們就靠在森林裡撿拾野果為生，所以她知道什麼能吃，什麼不能吃。她還說：「我和我的妹妹那時共用一雙鞋。有次我出去撿了幾個青蘋果，要拿回去為我妹妹充饑，被一個德國農民搶去，一把丟給他的豬吃，還把我三歲的小手打得又紅又腫。」

那鳥兒的歌聲越來越嘹亮有力，彷彿歌劇院的歌手，時而高昂，猶如花腔女高音，時而又深沉低吟，如抒情女低音，而且帶有多種的三聯音，我起先以為有一對鳥在合唱，慢慢才覺得高歌與低吟，不管如何急促，總不是在同一個時候發出，這才意識到只有一隻鳥在歌唱。我心中一動，忽然想起，在文學中常提到的、可從未聽到過歌唱的夜鶯，也想起了上大學時，在大肚山上相思林中，與朋友一起朗誦濟慈「夜鶯」詩的情景。

你說詩是最好的字，放在最好的位置。高能物理是要在最先進的實驗室做最突出的實驗。算算離開大肚山已經十四年了，這些年來，一個人離家東奔西走，從柏克萊的放射實驗室到德國的電子同步加速器，從芝加哥的費米實驗所到長島的布魯克海雯實驗所，再到如今的西歐核子研究中心，一直忙著做實驗，從物理題目的規劃、儀器的設

計與製作、試驗資料的收集與分析，每個試驗差不多都是三、四年，沉醉期間就像做了個夢，對人間事情不聞不問，與老朋友們也都疏遠了，這十幾年就像四、五個長夢。回想起來，真有天上十日，地上十年的感覺。

這時一彎殘月，從東方冉冉升起，照在阿爾卑斯山的雪峰上，雄偉的主峰白山也隱隱可見，因為月亮在山的背後，山的正面是黝黑的，只有最上面有一線銀色的輪廓。我便在籬笆邊的一塊草地上坐下來，靜靜地、如癡如醉地聆聽。慢慢地回想濟慈在他的詩中形容他如何被遠處森林裡的歌聲所吸引，他喜悅地連心都隱隱作痛，他深深地感到一個人聆聽這美妙的歌聲時的孤獨。感慨自己身世的孤獨。詩人不是曾一再祝福夜鶯，希望會有一天，全世界的人都會欣賞夜鶯的歌聲，就像詩人他自己嗎？

一百多年過去了，夜鶯的歌聲依然那麼可愛，儘管牠嘔血唱出了世間的悲傷與喜樂，可是可憐的夜鶯卻依然只有一個聽眾。這時，我不得不為夜鶯和濟慈而嘆惜。

陳敏

1977 年 7 月

寫於瑞典斯德哥爾摩參加 Nobel Ceremony 大典之後

Geneva

①靖獻：筆名楊牧。作者同屆同學。臺灣著名詩人，也是臺灣最有深度的詩人之一（詳見臺灣《聯合報》2010 年 9 月 6 日「記詩人二三事」一文）。

② 1976 年 12 月在斯德哥爾摩應邀參加實驗組領導丁肇中博士由

於 J 粒子之發現而獲得諾貝爾獎的頒獎典禮。該實驗精準的垂直彎曲雙臂質譜儀為作者在 1970 ～ 1974 親自設計建造。1974 年作者首先消除背景，發現理論未曾預測之 J 粒子高聳銳利的峰值，這表明重魅夸克的存在，夸克是宇宙中一切的基本構建塊。

③第一句話開宗明義，為什麼連參加諾貝爾獎典禮這種大事都不跟他的朋友們談？莫不是緣於看到名滿天下的諾貝爾獎獲得者，在臺上公然掩蓋剽竊後，因而對名利心灰意懶，無心動筆？作者於是專心科研，兩年後又發現 3 噴柱事件及膠子——核作用力的媒介物。

④萬籟俱寂，夜鶯的鳴唱勾起作者紛飛的思緒。

⑤作者每日午夜時分才離開實驗室。

⑥夜鶯只有在春末夏初、四處寂靜的夜晚才會歌唱。白天的唱台都被那些外表華麗卻欠缺創新的鳥兒們聒噪地佔據了。

⑦美國人在許多觀念上和中國人非常不一樣，在他們的心目中，西方人的生命比一個東方人的生命貴重很多。這位很溫良的美國科學家曾經阻止別人在午餐桌上虐待一隻螞蟻，可是討論到印度尼西亞暴動時卻輕描淡寫的說道：「被殺害的六萬人不過都是中國人而已。」

⑧法國人高傲地認為法國最劣等的葡萄酒都比瑞士最好的葡萄酒好。

⑨里昂生產全世界最好的葡萄酒。

⑩栗子有甜栗和苦栗之分，如同工人手掌一般的五瓣葉是苦栗子，像令箭一般單瓣的是甜栗子。苦栗是鹿的最愛。

⑪ 兩年後，作者在此發現 3 噴柱事件及膠子，核作用力的媒介物。

⑫1974 年，作者在此實驗室發現 J 粒子，一週後才告訴同一個小組研究人員。

⑬ 作者專心研究，無暇名利。

⑭ 濟慈在他的詩中形容他如何被遠處森林裡的歌聲所吸引，他喜

悅地連心都隱隱作痛。這種用心痛來形容極度快樂的筆法，與唐代詩人杜甫遊玩四面環山、三面環水的四川閬中所作的〈閬水歌〉中：「閬中勝事可腸斷（閬中名勝美麗到可以令人斷腸）」，及〈滕王亭子〉中：「清江錦石傷心麗（清江錦石美麗到可以令人傷心）」，有異曲同工之妙。

杜甫的古詩〈閬水歌〉：「嘉陵江色何所似，石黛碧玉相因依。正憐日破浪花出，更復春從沙際歸。巴童蕩槳歌側過，水雞銜魚來去飛，閬中勝事可腸斷，閬州城南天下稀。」

又〈滕王亭子〉：「君王台榭枕巴山，萬丈丹梯尚可攀。春日鶯啼修竹裡，仙家犬吠白雲間。清江錦石傷心麗，嫩蕊濃花滿目班。人到於今歌出牧，來遊此地不知還。」

⑮ 詩人濟慈期望夜鶯的歌聲，與自己獨聽夜鶯歌聲的感受，有一天能被世人欣賞。

⑯ 作者感嘆夜鶯的歌聲，濟慈對夜鶯歌聲的期望與自己在科學上的貢獻，都不為人所知，同樣有知音難求的孤獨。

⑰1976 年諾貝爾獎頒獎典禮後的翌年 7 月。

詩人楊牧二三事

這篇是我為楊牧七十誕辰，於 2010 年 9 月 23 日發表在臺灣《聯合報》聯合副刊（D3 版）上的文章，題目是：「詩人楊牧二三事——記年少時光並賀老友七十大壽」。

我認識王靖獻（詩人楊牧）的時候，楊牧還是「葉珊」，那時在東海大學校園已是頗有名氣的詩人，以「葉珊」為筆名，1960 年出版《水之湄》。我們似乎早已認定我們屬於不同類型，但緣於對詩歌的愛好，

乍見面彼此欣賞對方的優點，可謂惺惺相惜。打從大一，我們各自在文理學院有優異的表現。我主修物理，能力分班後，免修一、二年級英文；楊牧主修英國詩歌，當他和其他同學在教室上課，我則在大肚山森林裡漫步，或者倘佯草地上，推算物理、數學題目，或者沉思冥想所讀所見。我們也經常在林子裡，大聲朗讀莎士比亞，英國詩人拜倫、濟慈、雪萊的詩歌，還用德語朗誦歌德與海涅的詩篇，遠遠有同學聽到，誤以為是某種怪鳥在啼唱。

記得有一次，我跟楊牧說徐志摩的詩〈莎喲娜拉〉，「道一聲珍重道一聲珍重，那一聲珍重裡有蜜甜的憂愁。」仿自莎士比亞《羅密歐與茱麗葉》第二幕第二景——茱麗葉對羅密歐道：「再見，再見，離別是這麼蜜甜的憂愁。」（Parting is such a sweet sorrow, that I shall say good-bye till morrow.）

蘇東坡的「明月幾時有，把酒問青天」，是仿自李白〈把酒問月〉：「青天有月來幾時，我今停杯一問之。」

而李白的「鳳凰台上鳳凰遊，鳳去台空江自流」，是仿自崔顥的〈黃鶴樓〉：「昔人已乘黃鶴去，此地空餘黃鶴樓。黃鶴一去不復返，白雲千載空悠悠。」

他回答說，「唯有真正的天才，能不著痕跡地模仿改進詩的意境。」

年少的楊牧，即有詩人狂狷的氣質，有時在大眾場所，比如在女生宿舍（嚴禁男生進入）對面的郵局，聽到他跟女生高談闊論，情緒激昂地大聲談論愛情與激情！我頗不以為然，總覺得感情的事頗為神聖，應該屬個人私隱祕密，不適合在公眾場合談論。1963 年，他負責編輯東海大學畢業紀念冊，我幫他書寫有關物理系的部分。

畢業當兵後，他進入愛荷華州立大學著名的寫作班。我呢？美國大學原來根本不給我申請表，但是他們一接到我 GRE 成績，數學、智

商、物理，都遠在 99% 之上，九所大學馬上都給我全額獎學金。東海大學的教授劉崇恒與高我四屆的學長劉全生一再強力推薦我，當時他們都已在柏克萊攻讀物理學位，因此我決定到嚮往已久的加州大學柏克萊校區專攻物理博士學位；並領取懷特科學獎金，以這筆獎學金供給在臺灣四個弟妹的學費，偶爾還幫助一些朋友。楊牧剛從愛荷華寫作班轉到柏克萊大學，他和我住在一起，那時中國同窗好友之間常有借住的習慣，包括當時在外地讀書的白先勇，也經常來拜訪同屋的好友王國祥。借此我想提一提與這位詩人大半輩子談文論藝的情誼，以及相處的一些趣事。

剛開始，我與五位理工科的中國學生同租一棟房子，每天輪流烹調、洗碗盤。那年夏天，楊牧從愛荷華來借宿，他每次吃飯默不作聲，吃飽飯後，立即躲進臥室，不跟其他同學閒聊，也不幫忙洗碗盤。有一次，他回到臥室後，一個化工系同學緊隨他到房間。幾分鐘後，楊牧不吭聲尾隨他回到廚房，收拾自己的一副碗筷，洗畢，一句話也不吭，繞回房間。幾位室友先是愣了一下，接著就咯咯狂笑不止。我試圖調停，告訴他們要寬待「詩人」。化工系的同學答道：「你從東海大學來的，當他是詩人。我們從臺灣大學來的，可不以為然啊！」四十年後，楊牧仍然記得清清楚楚，跟我談起這件往事，我們兩人放聲開懷大笑。

楊牧是個怪才，自有詩人奇異獨特的性格，跟我們學理工的相處不易，兩個月後，他搬走了。他找到一個小時八十分錢陪一個小男孩打球的工作，可能打出許多靈感和詩意。

有一夜，我開車載他到柏克萊山上的 Tilten（傾斜）公園眺望灣區和遠處舊金山的夜景，幾座小山的中央是我完成研究學業的勞倫斯‧柏克萊實驗室，俯瞰山腳下是柏克萊校園和聞名的高聳白色鐘樓。大學大道從校園西邊一直延伸入黝黑的海灣。遠處一座座的海灣大橋，

像游水蛟龍伸展在幾座海島間，燈光閃閃爍爍，更遠處的海灣口金門大橋壯麗地垂懸在兩端峭壁之間。

　　我告訴楊牧，有時從勞倫斯實驗室研究大樓，可以看見橘色的落日，正巧夾在金門大橋的兩個紅色柱子中間，慢慢地沉落在藍藍的海上。我仿唐朝詩人宋之問的詩吟誦：「登柏克萊山兮多所思，攜老友兮步遲遲。青山碧海長如此，再攜游兮復何時？」

　　我問楊牧，面對如此良夜美景，夜幕籠罩下閃耀光芒的海灣，他有何感想？我期待他回應一首好詩，或是比較黑夜中的東海大肚山上、相思林間高高的水塔上，遠眺臺中的夜景。

　　不料他竟然回答：「那些亮晶晶的燈光使我想起妓女頸上項鍊的一顆顆珍珠。」

　　我反駁道：「至少應該是茶花女的珍珠項鍊吧，歌劇《茶花女》裡面飲酒歌那一幕，多美啊！充滿青春的激情，宇宙的脈動，如同此時此刻……」

　　他回家後，寫了那篇小品文，關於愛荷華的一棵小杉樹，被專家移植到加州海岸後，如何瑟縮地生長……正是他剛從愛荷華搬到柏克萊心靈的寫照。這也正是我的老友楊牧啊！詩人楊牧的想像力就是這般與眾不同！可惜從此我們各自忙於研究課業，未曾再造訪這座公園。

　　1976 年，我從瑞典斯德哥爾摩參加諾貝爾大典歸來，隔年五月我在瑞士，半夜從實驗室裡出來，驚聞孤寂的夜鶯啼叫，正如濟慈所說仍沒有知心的聽眾。對著孤獨的夜鶯，想起濟慈，想起自身的處境，以及對人生的不公平有所不遇的感嘆，當夜提筆疾書寫了一封信給遠在西雅圖的楊牧。顯然此信觸動楊牧的心靈，引發他寫出一篇科學與文學對話的散文〈科學與夜鶯〉，將我的整封信述其中。後來〈科學與夜鶯〉收入他的《搜索者》一書，聽說此書被選為臺灣文學經典三十本之一。

2005 年 8 月，我去西雅圖拜訪久違的楊牧。幾乎一半強迫，他才勉強地答應一起攀登雄偉的瑞尼爾山，美國境內四十八洲群山中最高峰，隔著太平洋與玉山遙遙相對映照第二天早上四點，我們去看瑞尼爾山的日出，突然間我明白了這首被人們誤解了一千二百年的杜甫詩〈陰陽割昏曉〉。（見 P214 杜甫〈望岳〉的陰陽新解 。）

與名作家夏烈（夏祖焯）的對話

　　我的同學夏祖焯在國語實驗小學便是出類拔萃的模範生，他聰明伶俐、口齒清晰，經常在講臺上，對著全班同學講笑話，指揮唱歌。而我呢，拙於口舌，只要被老師叫到講台，即面紅耳赤。他們名列前茅，而我是班上倒數幾名。1995～2008 年間，同學會團聚間，夏祖焯屢次提起，當他聽到我考上建國中學初中部，簡直不能相信自己的耳朵，而且日後居然又高分考入建國高中以及高分上大學。他以半開玩笑的口吻說：「陳敏是小學班上成績最差的，他的名字早該在小學畢業就從學術界消失得無影無蹤。」

　　有人問我，跟夏祖焯從小學到建國中學一直是同學，必定見過他在聯合報副刊以寫「玻璃墊上」專欄聞名臺灣的父親何凡，目睹過他的美女才女母親，那位以寫《城南舊事》一書揚名中國的作家林海音；也必定是那臺灣半個文壇客廳的常客；我說，可惜從來沒被邀請到他家，亦無緣見他赫赫有名的父母，他們不信。我說，當年我跟夏祖焯是不同黨的，年少所謂「狐群狗黨」的死黨。他的玩伴都異常活躍，參與校內各項球類藝術活動；我的玩伴喜歡往野外跑，爬山啊，河裡游泳、划船。說真的，讀小學，夏祖焯可不太把我看在眼裡，這不能怪他，物以類聚。他小時候是十項全能的模範生，成績名列前矛；我呢，成績老是吊車尾。在中學，我們兩人目標不同，他喜歡讀小說，

也已經開始寫小說，而我卻跟杜維明在課餘閒暇花時間讀「四書」，此事當時更被同學拿來當笑柄。

　　大學時期，我們距離遙遠，他讀成功大學，我第一志願考上東海大學；後來各自在美國創業。事業有成之後，才開始互相欣賞讚賞對方的成就，才意識到我們老早應該是好朋友，有種「相知」恨晚的感覺。其實，可能當時我們都太獨立，以至不在意對方的所做所為。建國中學畢業後，我的死黨都進入臺灣大學，我的分數可以上臺大任何科系，卻選擇去東海。他們多次嘗試說服我改變我的抉擇。我試圖解釋東海大學的種種優點，例如小班制度、教職員與學生比率高，古色古香的庭園建築，大肚山的森林校園以及開放式的圖書館。我確信在此青翠幽美的環境與廣大的森林，我可以優游自在地研讀課業，對我來說，讀書環境優雅是極其重要的。

　　2001 年，夏祖焯生動地描述他母親過世後的情況：「一夜未闔眼，我十分鎮定，用雙手抱著已經冰冷的母親遺體，一步步走向太平間，雖然醫院裡的醫生護士都不贊成這麼做，是我母親把我帶到這個世界，我現在唯一可以做的，就是陪著我母親離開這個世界。」他堅持抱著母親的屍體從醫院病床到太平間。屍體濕淋淋，儘管液體滲透弄濕了他的襯衣，即便使他感到吃力，但他卻仍然使盡疲憊身心僅存的力量，抱著母親走完人間。夏祖焯又說，他這樣做，是因為珍惜母親在成長過程給他的愛與教育。

　　他接著對我挑戰性地問道：「敏，你母親早逝，你對她幾乎沒有記憶，不記得她曾經為你做了什麼，為何你對她的死亡那樣悲痛呢？」

　　一句很簡單的問話，打中了我心中深深的痛處，幾年也不能回答他。痛定思痛，事隔多年，2008 年，我終於鼓足勇氣跟夏祖焯解釋道：「你和我是二個極端。你出生書香家庭，父母親都是臺灣名作家，身體流著『文學貴族的血液』，你的母親，文采出眾，說得一口悅耳

的北京片子，她教你唱歌說話，言談舉止，尊師重道的方法，以言教身教。我從小沒有母親的教導，上大一時女友來訪，甚至事先不知道要梳一下髮，只好以王羲之光著膀子，躺在東床上自嘲；至於待人處世，是往後遭遇挫折逐漸學習。你一輩子很幸福，擁有母親的愛，而我母親縱然想愛給我，但命運註定，所以我從小沒得到母愛。然而，二位母親的願望是相同的。小學六年級我才曉得你優質的家庭教育，相形之下，體會我失落多少。而我對母親早世如此悲痛，豈只因為失去她，而是想到她臨死前，對剛出生的妹妹喃喃道：『孩子，妳為什麼要選這時來到這個世界呢？』她心中沉重的負擔，繫念著不能照顧我們長大成人，擔憂我們會不會生存不下去……」

托爾斯泰跟我一樣，兩歲即失去母親。有一次唸托爾斯泰的小說《童年》，唸到小孩描述跟媽媽說話，對白有一段，一直叫媽媽，我唸了幾行，即泣不成聲，唯有從小沒有母親的人才懂得我的心。

近幾年來，我逐漸學會照顧自己的身心。事實上，任何事都得自己親身體驗，從自身錯誤學習經驗，遠勝於母親從搖籃的教導，「有生而知之者」，我認為就是從母親那裡學來的；「有學而知之者」，也就是從老師那裡學來的；「有困而知之者」，後者從錯誤中學習，雖然啟發得比較晚，耗費很多精力跟時間，但比從母親或老師的教導更深刻，也更能創出一番新領域。

黃河落日圓

　　初春的一個傍晚，我從波士頓附近的劍橋，驅車回西郊的阿林頓市，途經神祕湖時，驚訝地看到一個碩大的落日，掛在小山樹梢頭，由白轉紅，人面皆赤，便停車拍照、細細欣賞。忽然想到王昌齡的那首著名的〈登鸛雀樓〉：「白日依山盡，黃河入海流，欲窮千里目，更上一層樓。」

　　同行的友人問，「為什麼是白日依山盡，而不是紅日依山盡？」

　　我們平日酷愛的落日不都是紅日嗎？譬如元曲作家馬致遠的：「眼前紅日又西斜，疾似下坡車。」這說的都是紅日。又如蘇軾的：「料峭春風吹酒醒，微冷，山頭斜照卻相迎。」雖然沒有明說是紅日，但給人的感覺也是雨後紅日。

　　我想了一想，說這句話問得好，斜陽在遠處的小山頭，是紅的，假如是在近處的高山巔頂上，視角高了，穿過的大氣層也少了，那可就是白日了。

　　譬如酈道元的《水經‧江水注》裡面形容長江三峽：「兩岸高山重障，非日中夜半，不見日月。」所以這「白日依山盡」是形容高山聳立於西方，與浩蕩向東流去的黃河相映襯，有了高山、大河才顯得出這首詩的浩大氣概，若是紅日依靠在遠處的小山頭，就沒有這高山大河的氣派了。

▶▶ 7-4

孤帆遠影碧空盡
——悼孔金甌教授追思會上的演講 ₁

　　孔金甌教授是我在美國麻省理工學院工作多年的合作者，突如其來的噩耗，讓我不能相信自己的耳朵。二週後，孔金甌教授的追思會上，在眾多的麻省理工學院同事、學生及親朋好友面前，我發表了如下的即席演講：

　　2008 年 1 月 20 日，我為北美《語文報》以「落葉歸根」為題，寫了一篇文章，以秋天的落葉，在嚴冬保護了樹根，又化做春泥滋養了樹木為喻，介紹我的同事孔金甌，在麻省理工學院教書以及主持重要研究計畫之餘，更極盡所能擠出時間回中國大陸，到浙江大學和北京交通大學等地服務。他是電磁波領域的專家，教學著書之外，主持研究計畫，有極卓越的成就。很多人認為理論與實驗應該並進，但很少有人真正領軍主持兩者，他開先河，堪稱這一領域的典範。

　　金甌不只專精科學，對文學也頗有研究。有一次共進晚餐，他突然考我：「是誰最先生動地描述地球是圓的證據呢？」他後來告訴我，是著名的詩人李白，一千二百多年前，他的詩裡描繪揚子江的風景：

---

1. 此文為孔金甌教授葬禮的追思感言。發表於台灣《聯合報》（2008.04.29），由台灣女詩人杜杜翻譯。杜杜：文藻外語學院、輔仁大學西文系學士，美國波士頓學院西班牙與拉丁美洲文學碩士，專事文學研究及創作。

「孤帆遠影碧空盡，惟見長江天際流。」金甌讀文學哲學常常有諸如此類深刻獨特的體會和看法，並經常以此激發朋友、學生的思考和想像力。

四十年來在麻省理工學院，金甌和我上課教室緊鄰。我的許多大學部和研究所的學生，後來都加入他的研究小組。我們合作應用左手材料研究背向切倫科夫輻射（Cherenkov radiation）。後來金甌開始在中國杭州的浙江大學做實驗，要我過去檢查一下實驗的儀器。去年我在他家享用傳統的感恩節大餐，他介紹我認識幾位浙江大學的訪問學者，並安排我在 2008 年 1 月訪問他們。年初，我到杭州，金甌已經教完他在浙大的課程，到北京交通大學授課去了。我最近才知道，金甌為搶時間，在浙大或交大上課，學校通常安排三個星期講完一個學期的課，並給學分，學生只選這門課。他的教材深深地吸引學生，他獨到的講課方式彷彿柔和的春風和春雨般滲透學生的心靈。

幾年前，金甌告訴我：「我們可不能無聲無息地老去。我們必須繼續盡心盡力貢獻社會。」他的話語提醒了我二千年前馬援將軍的故事。馬援曾經說過：「丈夫為志，窮當益堅，老當益壯」、「男兒要當死於邊野，以馬革裹屍還葬耳」。戰士不能無聲無息地老去，應該死在邊野；同樣地，學者應當在講台或研究實驗室，直到吐完最後一口氣。

一月下旬到二月初，百年罕見的強烈暴風雪襲擊中國，我們失去聯繫。最後一次見到金甌是二月四日，也是這學期麻省理工學院開學日，我們各自進入教室前，交換了一些剛剛去中國的經驗與看法，他仍然跟往常一樣談笑風生，一樣聰敏機智。過幾天，他的學生告訴我，金甌感冒在家休息。當孔夫人打電話告知我，金甌於三月十二日過世時，我簡直不能相信我的耳朵。三月十二日是中國植樹節，即中國的國父孫逸仙先生的逝世紀念日，他們兩位都是從底部深層紮根，利益社會和貢獻人類的人。

這幾天我一直問自己：「為何比我年輕、比我有用、更活躍且更有創意的金甌竟比我早走呢？」

　　噢！我只能引用敘述三位英國名詩人拜倫、濟慈和雪萊的名言：「上帝最寵愛的人總是先走一步」來安慰自己。

　　倫敦西敏寺裡，詩人拜倫在自己的墓碑上寫著（作者翻譯）：

「我的生命即將消失

　隨著我垂死的身軀

　我的心憤憤不平

　為何讓我的塵世之旅徒然？

　唯有我的詩歌終將不朽……」

　　金甌將不朽，不僅僅因為他在科學上的巨大貢獻，他在文學哲理上獨特的想法，還有他對教育執著的虔敬態度。金甌沒有離開我們，他永遠活在他的家人、朋友和學生的腦海中。

　　我想以懸掛在靈堂右側的一幅山水字畫，作為金甌一生卓然有成的總結：

「神如奇峰俊秀

　才似飛瀑流長

　金甌國士千古」

　　繪畫中，一群人，仰望著壯麗擎天的高山和穿雲飛下、源遠流長、滋潤世人的瀑布。山嵐上升，瀑布下飛，陰陽遞嬗，一如生命週期完美的輪轉。它象徵我們和世人對金甌仰之彌高、瞻之彌遠的無限崇敬和追思！

　　演說結束後，臺灣女詩人杜杜主動請求翻譯成中文。本文發表

時，譯者杜杜寫下了後記，轉引如下：

譯者杜杜後記：

孔金甌教授 3 月 12 日肺炎去世，享年 65 歲。1942 年 12 月 27 日出生於中國江蘇，為孔夫子第七十四後代。臺灣大學電機學士，交通大學碩士，1965 年雪城（Syracuse）大學攻讀博士，1969 年任教麻省理工學院電機系凡四十年。孔教授為電磁波泰斗，教育英才無數，以生動精采，充滿活力，獨樹一幟的教學授課方式聞名 MIT 以及中國諸所大學。曾出版三十本電磁學著作和七百篇研究論文

孔教授是我丈夫莊順連在 MIT 博士論文的指導教授，終生的恩師。我們在劍橋結婚生子，孔教授與師母全家關心照顧，三十年來是我們的精神導師。去年九月，回到波士頓曾與孔教授與師母歡聚，他對我寫作有極大的鼓勵。我提及，要寫一篇關於他的文章，未料他遽然辭世，悲慟哀傷難抑，3 月 22 日我們冒著大風雪從伊大前往波士頓參加追悼會，聆聽 MIT 物理系陳敏教授感人的追憶詞，經他同意將之譯成中文。陳教授為蜚聲國際的科學家，謙謙君子型的中國學者。翻譯期間，曾予莫大協助，並捎來一段令人泫淚的話語：

孔教授與我同時拿到博士學位，同年任教麻省理工學院。我倆都熱愛文學、哲學和詩歌。我們比鄰而居，上課教室又是緊隔壁……1974 年，我首次發現 J 粒子，繼而 1979 年發現膠子、核子物理作用力媒介粒子時，他都是最早知道即刻向我道賀的一位。我們的研究領域雖然不同，爾後卻能應用物理和電磁波的理論，合作研究背向切倫科夫輻射。我們的情誼如同鍾子期與伯牙，而今，絃不見了，何能鼓琴？

▶▶ *7-5*

中國故都遊

　　1979 年秋，我應中國科學院的邀請赴北京講學。這是我離開中國二十年後的第一次回國。講學完畢，中國科學院安排我們去全國各地觀光。

　　第一站是古都西安。陝西的省長熱情地招待我們，各式各樣的野菜，包括冬蟲夏草，使我大開眼界。可是丁肇中教授似乎並不開心，他說：「野菜疏淡，怎能用來招待貴賓呢？」

　　省長安排我們參觀兵馬俑。那時兵馬俑剛開始挖掘不久，尚未對外開放。兵馬俑的附近有一座高丘，據說是秦始皇的陵墓，但無人知道墳墓的確切位置。根據司馬遷在《史記》中的記載：

　　「始皇初繼位，穿治酈山，及並天下，天下徒送詣七十萬人，穿三泉，下銅而致槨，宮觀百官奇器珍怪徙臧滿之。令匠作機弩矢，有所穿近者，輒射之。以水銀為百川江河大海，機相灌輸，上具天文，下具地理。以人魚膏為燭，度不滅者久之。」

　　既然秦始皇用水銀做百川，那麼，我們知道水銀在二千五百年必定會揮發，然後會滲透到地面。於是我花了一百美金請科學院在高丘上幾個不同地方挖了泥土，分成許多小包，裝了滿滿三袋，打算帶回美國分析這裡到底有沒有水銀。

　　秦始皇墓裡自然有許多的文物與寶藏。如果墳墓被人無意挖掘開

的話，我擔心珍貴的文物與寶藏受空氣氧化影響，會被毀壞，如同當年剛出土的兵馬俑一樣，接觸到了空氣，沒過多久，新鮮的色彩就剝落了！那將是不可挽回的大損失。所以必須用一種不破壞的方法，精準地確定秦始皇墓的確實位置。甚至我考慮到如果要挖掘的話，必須要建一個充滿氮氣的通道，凡是所有進入墓中的工作人員，必須穿上太空衣那樣的裝備，把排出來的廢氣收回去，如此，文物才不至於遭到氧化破壞。出於對這些歷史文化資源的珍惜，我非常不希望看到這些古跡被人們在無意中破壞掉的情形發生。

所以，幾年後，我與同事大衛·盧基（David Luckey）決定向中國科學院呈送一份計畫書，提議用我們提出的方法來測算始皇陵的準確位置。

這個方法是這樣的：設置直徑五公尺的電磁線圈，放出電磁波，電磁波擊中深埋地下的秦始皇的銅墓後會反彈回來，由放出電磁波及電磁波反彈回來的時間差，可以計算出陵墓的位置，如此秦始皇的墓就不會遭到無意的破壞了。

中國科學院的唐孝威博士把我們的計畫書翻譯成中文，送到社科院。但是丁肇中教授卻不支持我們的做法。後來社科院也以「暫無發掘計畫」為由而推託。我們的這個計畫也就不了了之了。

後來我看到《科學》[1]的報導，提到理查石著作《考古學家尋求新線索——秦始皇兵馬俑之謎》一書，書中提到探測結果發現這裡地面的水銀含量很高，與我們二十多年前提出的深入地層的雷達探測方法，已被人們採用了。

我也去看了包括武則天在內的唐王室的幾個陵墓，其中有武則天女兒的墓。歷史上說武則天女兒與武則天爭權，被武則天毒死。可是

---

1. 2009 年 7 月 3 日出刊，《科學》325 期第 22 頁。

墓中公主的屍體經檢驗後發現，她是死於難產，而不是中毒。科學在有些時候，是可以為我們解決歷史遺留下來的一些謎題的，甚至我們還可以借著科學的研究實驗來更正一些歷史文化典籍中的錯誤。這就是科學研究對人文科學的貢獻和價值。

我們還去了二次世界大戰時期中華民國的首都重慶。山上幾十呎深的防空洞遠近馳名。我在麻省理工學院的同事中，有兩家都出生於那個遭受日軍轟炸的年代。當然我也是生於那樣的時代，只不過是西南邊陲雲南大理。

遊畢重慶之後，我們到武漢乘船遊覽久仰的三峽。三峽的水壩正在計畫建設當中，我們渴望能一睹長江三峽的景色，唯恐日後江水淹沒，此等驚險鏡頭將如逝水不復。那三天坐船風急水寒，別人怕冷都躲在船艙裡。我早已準備好冬季的羽絨服，獨坐船頭觀賞風景。在中學時我讀過酈道元的《水經注》，此時此地，即興背誦一段《水經注》裡的文字，景仰一段山水，不亦快哉！

船一開始行經瞿塘峽。江水湍急渾濁，一個一個的大漩渦就在船的四邊。遊至巫峽，兩邊山色秀美，雲霧在峰腰間飛渡而過，山形偶然在兩朵雲之間透露出來，懸泉瀑布飛漱其間，清榮峻茂，良多趣味。常有猿嘯，哀轉不絕。唐朝李白繪聲繪色的詩句「朝辭白帝彩雲間，千里江陵一日還。兩岸猿聲啼不住，輕舟已過萬重山」的情態，在千年之後，依然栩栩如生。

有一塊巨石在江中叫做「對我來」。船夫說小船行至此，一定要順著水流對準石頭的方向駛去，這樣才能繞過這塊大石頭。如若不然，就可能撞到石頭，船毀人亡。

神農溪是長江支流，流動快速。由北來，通過深深的峽谷，流入長江。沿途可見小窯洞，有成群的燕子。峭壁、峽谷、瀑布急流、三色流泉。溪水清澈，與江水渾濁的長江，形成強烈的對比。

行經西陵峽。仰望黃牛山，想起酈道元《水經注》裡的話：「朝發黃牛，暮宿黃牛。三朝三暮，黃牛如故。」旋即又背誦袁山松《宜都記》裡的句子：「自黃牛灘東入西陵界，至峽口百許裡，山水紆曲，而兩岸高山重障，非日中夜半，不見日月，絕壁或十許丈，其石采色形容，多所像類，林木高茂，略盡冬春，猿鳴至清，山谷傳響，泠泠不絕……」

此時，誦讀著這些文字，欣賞著古聖前賢同樣觀看並記述下來的這些景色，我深深體會到「讀萬卷書、行萬里路」的至理，以及心遊勝景、神交古人的妙趣。

此刻，不知我為古人，抑或古人與我合一也。在這個時候，我的科學家的身份，我所有的實驗室和實驗資料，都與酈道元、袁山松、李太白融為一體，化身為雄峻瑰奇的長江三峽，化身為中華大地上的物華天寶、往來古今……

這一刻，天地與我並生，萬物與我齊一。

這一刻，一切臻于永恆。

後記

　　這期間，我的生活是藝術化的。我泛舟查理斯河，與三五知己談詩論賦，或者拍攝那些美麗的景色。我遊覽名山大川，讓每一個旅程都充滿詩情畫意。我到各地講學，與各地學者一同探討科學和文學藝術的話題。我同時還一直為 MIT 的學生授課，希望我的學生能青出於藍而勝於籃。這樣的生活，我不認為是一個科學家的生活，我只希望這是一個熱愛生活、熱愛詩詞文化、熱愛人生的普通人生活。在我的心中，一個人的生活應該是寧靜、豐富而詩意的。

　　這本書是 2014 ～ 2020 年之間，我在美國麻省理工學院、中國浙江大學、澳門大學、電子科技大學、清華大學、臺灣東海大學等地演講的內容，談的是我科學研究的經歷、心得以及我對中國古代文學藝術等人文學科難以割捨的情懷。我很慶幸能因為這些愛好，使得我的生活充滿樂趣，使我的科學研究有了更多的活力和趣味。我也因此充分認識到科學與人文是分不開的，科學探索是人類進步的階梯，人文探索是人類傳承、發揚最寶貴的精神財富的行為。人文科學與自然科學是互為補充，互相發生的。它們缺一不可，都是我們不可偏廢的文明組成部分。

　　當然，在物質至上、科技至上的當下，我也希望有更多人能撐起人文精神的大旗，讓我們的科學研究和社會生活中多一些真、善、美的精神，多一些對善良、愛和審美的持守，只有這樣，我們才能活得更有尊嚴，我們的人生才能更有趣味，更有意義。

　　希望我的演講與本書的文字，能對學海遨遊的莘莘學子以及對科學和人文有興趣的朋友有所啟發，有所激勵，也希望有更多的學貫中西、兼通文理的碩學通才成長起來，對我們的時代和我們的民族，有更大的貢獻。

2020 年 12 月於美國波士頓

1980 年，在廣州舉辦的中國第一屆國際高能會議上，我將自己關於研究、發現膠子的經過做了報告。

1985 年，我獲得 John Simons Guggenheim Memorial Fellow 獎。

1994 年，目睹許多親友身患癌症的悲劇，我遂決定離開丁肇中的工作小組，開始從事醫學物理的研究，並研製出當時最為精確敏銳的乳癌 X 光影像檢測儀。

2003 年，我創建了後向切倫科夫輻射研究。

2003 年，我在 MOOC 上引入 MIT 的教學模式。將 MIT 和加州柏克萊的課程放到網際網絡上，讓臺灣等地的學生可以學習到世界一流的課程。

2005 年，我在 DESY 膠子發現 25 周年慶祝會上獲得了歐洲物理學會 1995 頒發的「膠子發現獎」。

致謝

感謝作家李錦青（Jinqing Li）、詩人杜杜（Lolita Chuang）和詩人濮青（PWU JEAN LEE），多年來的評論、建議和鼓勵。

感謝陳紅勝副院長（Hansheng Chen）、段兆雲副院長（Zhong Yun Duan）、夏祖焯教授（Fred Hsia)、政治科學教授納茲麗（Nazli Choucri）、施奇廷教授、歷史學家何雪麗（Shelly Hawks）和吳慧恅（Wennie Wu）博士的深入評論，我的大哥陳慧（Chen Hui）的主題分析。感謝編輯彭子宸（TzuChen Peng）和校對程大榕（TaJung Cheng）的傑出貢獻。

最後感謝我的妻子馬世善（Suzanne Chen）多年來的細心照顧和鼓勵，以及我的兒孫們的支持。

國家圖書館出版品預行編目資料

科學的人文：一位物理學家的人文之旅/陳敏著. -- 一版. -- 臺北市：商周出版
：英屬蓋曼群島商家庭傳媒股份有限公司城邦分公司發行, 2021.01
2020.11　面；　公分. -- (科學新視野；69)

ISBN 978-986-477-986-4(平裝)

1.科學 2.人文學

300　　　　　　　　　　　　　　　110000280

科學新視野 69

科學的人文：一位物理學家的人文之旅

作　　　　者/陳敏
企 劃 選 書/黃靖卉
責 任 編 輯/彭子宸
專 業 校 對/陳敏、施奇廷、程大榕

版　　　　權/黃淑敏、吳亭儀、邱珮芸
行 銷 業 務/周佑潔、黃崇華、張媖茜
總 　 編 　 輯/黃靖卉
總 　 經 　 理/彭之琬
事業群總經理/黃淑貞
發 　 行 　 人/何飛鵬
法 律 顧 問/元禾法律事務所 王子文律師
出　　　　版/商周出版
　　　　　　　台北市 104 民生東路二段 141 號 9 樓
　　　　　　　電話：(02) 25007008　傳眞：(02)25007759
　　　　　　　E-mail：bwp.service@cite.com.tw
　　　　　　　Blog：http：／／bwp25007008.pixnet.net／blog
發 　 　 　 行/英屬蓋曼群島商家庭傳媒股份有限公司城邦分公司
　　　　　　　台北市中山區民生東路二段 141 號 2 樓
　　　　　　　書虫客服服務專線：(02)25007718；(02)25007719
　　　　　　　服務時間：週一至週五上午 09:30-12:00；下午 13:30-17:00
　　　　　　　24 小時傳眞專線：(02)25001990；(02)25001991
　　　　　　　劃撥帳號：19863813；戶名：書虫股份有限公司
　　　　　　　讀者服務信箱：service@readingclub.com.tw
　　　　　　　城邦讀書花園：www.cite.com.tw
香港發行所/城邦（香港）出版集團有限公司
　　　　　　　香港灣仔駱克道 193 號東超商業中心 1 樓
　　　　　　　E-mail：hkcite@biznetvigator.com
　　　　　　　電話：(852) 25086231 傳眞：(852) 25789337
馬新發行所/城邦（馬新）出版集團【Cite (M) Sdn. Bhd.】
　　　　　　　41, Jalan Radin Anum, Bandar Baru Sri Petaling,
　　　　　　　57000 Kuala Lumpur, Malaysia.
　　　　　　　Tel: (603) 90578822　Fax: (603) 90576622
　　　　　　　Email: cite@cite.com.my

封 面 設 計/張燕儀
內 頁 繪 圖/黃建中
排　　　　版/極翔企業有限公司
印　　　　刷/韋懋印刷事業有限公司
經 　 銷 　 商/聯合發行股份有限公司
　　　　　　　電話：(02) 2917-8022　Fax: (02) 2911-0053
　　　　　　　地址：新北市 231 新店區寶橋路 235 巷 6 弄 6 號 2 樓

■ 2021 年 1 月 26 日一版一刷　　　　　　　　　　　　Printed in Taiwan
定價 380 元

城邦讀書花園
www.cite.com.tw